PRÉCEPTES

D'AGRICULTURE PRATIQUE.

OUVRAGES DU MÊME AUTEUR.

PRÉCEPTES D'AGRICULTURE PRATIQUE.

1re partie. CONNAISSANCE DES TERRES EN AGRICULTURE, de la température et de ses effets, des amendements, des engrais, préparation des fumiers, leur valeur comparative et leur application. Traduit de l'allemand par P. R. de Schauenburg, député, cultivateur, à Geudertheim. In-8, 1839. 5 fr.

2e partie. CULTURE DES PLANTES A GRAINS FARINEUX, ou Céréales et Plantes à cosses, assolements, labours, quantité de semence, récolte et son rendement; de la paille, son rapport avec le grain, ses propriétés comme fourrage pour la nourriture des animaux. Traduit par le même. In-8, 1840. 6 fr.

3e partie. CULTURE DES PLANTES FOURRAGÈRES, leur récolte, leur conservation et leurs différents emplois économiques dans l'alimentation des chevaux et du bétail. Traduit par le même. In-8, 1841. 5 fr.

ASSOLEMENTS et culture des plantes de l'Alsace. Traduit par V. Rendu. Ouvrage couronné par la Société royale et centrale d'agriculture. 1839, in-8. 3 fr.

MANUEL POUR LES AGRICULTEURS COMMENÇANTS, sur la nature, la valeur et le choix de tous les systèmes de culture ou assolements connus; traduit par F. Villeroy. In-12. 3 fr. 50 c.

PARIS. — IMPRIMERIE DE Mme Ve BOUCHARD-HUZARD, rue de l'Éperon, 7.

CULTURE

DES

PLANTES ÉCONOMIQUES

OLÉAGINEUSES, TEXTILES ET TINCTORIALES,

FORMANT LA QUATRIÈME PARTIE

DES PRÉCEPTES D'AGRICULTURE PRATIQUE

DE

J. N. SCHWERZ,

DIRECTEUR DE L'INSTITUTION AGRONOMIQUE DE HOHENHEIM.

REVU PAR M. PABST,

traduit de l'allemand

PAR M. LAVERRIÈRE,

ANCIEN ÉLÈVE DE L'INSTITUT AGRICOLE DE LA SAULSAIE.

Avec planches.

Paris,

LIBRAIRIE DE Mme Ve BOUCHARD-HUZARD,

7, rue de l'Éperon.

—

1847.

AVANT-PROPOS DE M. PABST.

Schwerz, désirant consacrer aux plantes commerciales une place à part dans son *Introduction à l'agriculture*, avait, pendant les dernières années de son séjour à Hohenheim, entrepris à leur sujet une série de travaux pratiques et littéraires; il voulait contribuer pour sa part à l'extension et au perfectionnement d'aussi importantes cultures. Poussé par cette idée qui le préoccupait beaucoup, Schwerz avait rassemblé des matériaux très-nombreux, et déjà il en faisait usage pour préparer ses cours. De plus, une multitude de renseignements lui avaient été fournis par des élèves de Hohenheim envoyés en Flandre, lorsque, en 1828, les infirmités de l'âge forcèrent le vénérable vieillard à se retirer. Dès lors il abandonna tout, nous laissant le dépôt précieux que nous offrons au public, après, toutefois, y avoir complété quelques articles inachevés.

Schwerz, partisan déclaré de toute culture riche et progressive, donnait, à propos des plantes commerciales, les conseils suivants, aussi prudents que sages :

L'état des terres, les ressources en engrais, les circonstances locales sont les trois puissances qui doivent décider le cultivateur s'il doit ou non cultiver en grand les plantes commerciales. Jamais une exploitation commençante et, par conséquent, maladive ne doit entreprendre de pareilles cultures ; son premier devoir, pour le moment, c'est de songer à produire du fourrage et des engrais : il est même prudent, dans une exploitation progressive, de remettre, le plus longtemps possible, au lendemain l'introduction de pareils changements. L'œil, fixé dans l'avenir, ne doit point se laisser éblouir par l'éclat du moment. Les plantes commerciales ne réussiront jamais sur les terres qui ne leur conviennent pas ; elles sont chétives en terrains maigres, où de fortes fumures même ne parviennent pas toujours à les faire croître avec avantage. Il leur faut, pour réussir complétement, cette fertilité du sol (vieille force), qu'une bonne et constante culture seule peut donner; le fumier, toutefois, reste le plus grand levier. De même que, dans le commerce, on ne peut gagner de *l'argent* qu'avec *l'argent*, de même, en agriculture, on ne peut parvenir à posséder un riche capital *d'engrais* qu'avec des *engrais*; or il n'est permis qu'à celui qui est riche en fumier d'employer son superflu à la culture des plantes produisant de l'argent, mais peu ou point d'engrais. Le capital doit donc être alors parvenu à ce taux où il serait désavantageux de se borner à produire seulement du fourrage et des grains. Quelquefois, cependant, l'agriculteur, placé de façon à se pourvoir d'engrais du dehors, peut marcher sans s'entraver des considérations précédentes ; mais il ne doit avoir recours à ce moyen que s'il s'aperçoit qu'en faisant autrement il court risque de perdre une partie de son capital le plus précieux, *le temps*. Ainsi le filateur de la campagne *achète* de la filasse pour ne pas perdre une minute, ni lui, ni sa famille; de même le cultivateur *achète* des engrais afin d'utiliser d'une manière lucrative le temps de ses attelages et de ses ouvriers, qui, sans cela, serait ou perdu ou mal employé.

Il suit de tout ceci que la culture étendue des plantes commerciales est la véritable récompense d'une exploitation progressive, et que la meilleure raison qui doit empêcher une exploitation commençante de l'entreprendre, c'est qu'elle n'a encore aucun droit à une récompense quelle qu'elle soit.

AGRICULTURE PRATIQUE.

TROISIÈME DIVISION.

CULTURE DES PLANTES ÉCONOMIQUES

ET VARIÉTÉS AGRICOLES.

PREMIÈRE SUBDIVISION.

CULTURE DES PLANTES ÉCONOMIQUES.

CHAPITRE PREMIER.

CULTURE DU LIN.

§ 1er. *Introduction.*

Lorsque, en 1827, j'entrepris des expériences en grand sur la culture du lin, j'étais très-éloigné de penser qu'un jour j'aurais à décrire les diverses manipulations que l'on fait subir à la filasse; je le croyais d'autant moins que je n'avais jamais été partisan de cette culture à cause de son introduction difficile dans une grande exploitation : je n'avais donc alors d'autre but que d'améliorer la semence et d'affranchir ainsi mon pays des importations de graines étrangères ; pour cela, dans mes cultures de lin, je laissais mûrir les tiges jusqu'à ce que les capsules devinssent brunes, et je ne faisais arracher qu'après la parfaite maturation des graines. Ce retard avait naturellement l'inconvénient de rendre les tiges très-ligneuses et de déterminer sur elles des taches fauves dont la présence déprécie toujours la filasse ; en effet, cette filasse ainsi avariée donne aux préparations ultérieures une matière grossière, difficile à travailler, inégale en couleur, en finesse et en moelleux.

Plus tard, cependant, le retour d'un élève de Hohenheim, envoyé en Flandre, dans les environs de Courtrai et de Menin, pour apprendre à fond la culture du lin, qui est très-bien entendue dans ces localités, m'amena à entreprendre quelques essais sur le rouissage à l'eau et les divers traitements de la filasse tels qu'on les y pratique. Ces essais me conduisirent à rechercher les moyens d'améliorer l'espèce. En 1816 et 1817, j'avais déjà fait, à ce sujet, quelques tentatives dans le Ravensberg, où cette culture est portée à un haut point de perfection. Ces expériences antérieures me furent d'un grand secours, mais je dois avouer que je suis infiniment redevable d'une foule de renseignements utiles à M. Breunlin, chargé, par son gouvernement, de parcourir, en 1826 et 1827, la Westphalie et la Silésie, où l'on s'occupe beaucoup du lin.

Muni de tous ces moyens d'action, je mis la main à l'œuvre avec une ardeur toute juvénile, malgré mon grand âge et mes infirmités; je me fortifiais dans l'espérance de faire quelque chose d'utile pour l'intérêt public et privé, et d'aider à éclaircir une question sur laquelle aucun écrivain agronome ne s'était prononcé d'une manière satisfaisante; chose difficile lorsqu'on n'agit pas par soi-même, en commençant par les travaux du novice et en arrivant successivement, par les degrés intermédiaires, jusqu'à l'habileté du maître. Pour moi, du moins, je dois convenir que j'ai plus acquis en quelques mois sur la filasse, sa préparation, ses qualités et ses défauts, en travaillant sur l'établi à peigner, que je n'aurais pu apprendre en plusieurs années par d'autres moyens. Cette manière de procéder me met à même aujourd'hui de présenter à mes lecteurs un ensemble pratique et à peu près complet de la culture et des diverses préparations de cette plante, d'une si grande importance pour plusieurs contrées d'Allemagne. On me pardonnera, en faveur de ce motif, quelques mots de plus qu'il n'en faudrait peut-être ou quelques répétitions presque indispensables; d'ailleurs, cet ouvrage n'est pas destiné aux théoriciens purs, mais aux praticiens, qui savent combien, dans notre métier, il est nécessaire de *mettre les points sur les i.*

§ 2. *Variétés de lin et nature des semences.*

On distingue, en principe, deux variétés de lin, d'après la forme extérieure de la plante : la première est désignée par le terme de *klenglein*, elle a une tige peu élevée ; la seconde, appelée *dreschlein*, a une tige généralement plus longue, et les graines non déhiscentes dans les capsules : cette dernière variété est la plus répandue.

On distingue encore le lin de semence indigène de celui de semence étrangère, mais cette distinction n'a rapport qu'à la variété à capsules fermées.

Les principales variétés de lin étranger nous viennent des provinces maritimes de l'est de la Russie ; les plus remarquables sont les semences de Liebaw, Windaw et de Riga : la préférence que l'on accorde à ces semences est subordonnée aux exigences locales. On emploie fréquemment aussi, en Allemagne, une autre variété étrangère de lin, celle de la Zélande.

Quelques provinces de l'Allemagne néanmoins donnent en ce genre des produits estimés, notamment le Palatinat et le Tyrol.

Le lin russe, expédié en tonnes, reçoit, dans le commerce, le nom de *lin tonnelé* (tonnenlein) ; celui de la Zélande, expédié en sacs, s'appelle *lin ensaché* (sacklein).

On a fait, à Hohenheim, des essais de culture de lin avec des graines d'Italie tirées de Crémone et de Lucques; les résultats ne répondirent pas à l'attente; on obtint une graine belle, brillante et même plus grosse que celle des autres variétés; les fleurs étaient plus grandes, les capsules plus nombreuses et plus fortes, mais la tige n'avait pas plus de 1 pied (313 millim.) de hauteur.

On prétend que la filasse provenant de la graine de Riga est un peu plus dure et moins fine que celle qui provient des graines de Windaw, ce qui explique la préférence dont jouissent ces dernières dans les contrées qui fabriquent des tissus fins, comme dans le Ravensberg.

Le lin de Liebaw n'atteint presque jamais la hauteur des deux autres variétés russes : celui de la Zélande est généralement reconnu comme le moins avantageux de tous.

La graine de lin pour semence doit être pesante, brillante, d'un jaune d'or ou d'un brun clair, glissante, riche en huile et propre. Si l'on en met un peu dans l'eau, le bon grain se précipite au fond du vase pendant que le mauvais surnage : quant à la richesse oléifère, on la reconnait à un petillement rapide et prononcé qui se produit lorsqu'on en jette quelques grains sur le feu. Pour se rendre compte de sa puissance germinative, on peut déposer un certain nombre de graines dans un drap humide exposé à une douce température; vingt-quatre heures après, la bonne graine aura dû commencer à germer.

Dans le Ravensberg, on estime la semence de lin bonne lorsqu'elle paraît fraîche, agréable à l'odorat, et lorsque ses pointes sont légèrement recourbées vers le côté : le grain noirâtre ne vaut rien.

Jungerich, contrôleur du cadastre à Munster, dit que la semence qui n'a pas mûri convenablement a l'air de tomber presque en dissolution, et que celle qui provient de plantes trop fortement desséchées au four donne difficilement de l'huile à la pression. Souvent aussi, des marchands n'ayant pu se défaire de toute leur provision gardent pendant plus d'une année, en tonneaux, une quantité considérable de graines qui, ainsi accumulées, s'échauffent ou se moisissent; cette graine, vendue, l'année suivante, aux acheteurs confiants, leur cause beaucoup de préjudice.

§ 3. *Exposition et climat.*

Le lin réussit dans un terrain parfaitement égal et légèrement incliné, à l'abri, tout à la fois, d'une sécheresse et d'une humidité excessives. Dans les pays de montagnes, celui qui croît sur les pentes exposées au nord et à l'est est toujours préférable à celui qui provient des pentes exposées au midi et à l'ouest : on prétend que ce dernier donne une filasse moins fine et moins blanche. Le lin peut encore être cultivé dans des clairières de forêt; sa filasse est longue et tendre, mais elle a peu de poids et de ténacité; en outre, beaucoup de cultivateurs ont remarqué qu'il était facilement attaqué du miellat.

§ 4. *Sol.*

Le sable aride et la glaise froide et rude exceptés, il n'est pas de terrain où le lin ne puisse venir, bien qu'avec des résultats proportionnés à la plus ou moins grande convenance du sol; il aime surtout un sol meuble, de fertilité vigoureuse *, propre et un peu humide, mais non pas détrempé. Un champ épuisé, quelque fortement qu'il ait été fumé, ne produira jamais une récolte comparable à celle d'une terre fumée modérément, mais possédant encore ce qu'on appelle de la vieille force.

Dans le Ravensberg, on aime, pour le lin, un terrain mélangé de beaucoup de sable fin et modérément lié.

Aux environs de Courtrai, contrée de la Flandre où l'industrie linière est le plus développée, M. Hinz a observé que le sol était une argile sablonneuse dont le liant augmentait à mesure qu'on se rapprochait de la rivière de la Lys; ce changement pro-

* Les termes qu'emploie Schwerz, pour désigner les qualités physiques du sol, parlent beaucoup plus à l'imagination qu'au raisonnement : en effet, on sent tout le vague des expressions telles que *force*, *vigueur*, *douceur*, *etc.*, *du sol;* d'ailleurs, elles sont employées d'une manière peu constante, ce qui en obscurcit le sens. Ce défaut fait ressortir la nécessité d'une bonne classification. (*Note du traducteur.*)

gressif du sol était parfaitement indiqué par les différentes cultures qui du lin passaient graduellement à l'orge, au froment et à la féverole. Il est probable que la formation de ce terrain est due à des dépôts successifs de la Lys dont l'accumulation a constitué une couche de plusieurs pieds d'épaisseur assez légère pour être perméable à l'eau.

En Westphalie, la meilleure terre à lin est un *loam* brun, susceptible d'être travaillé en tout temps, pas assez fort pour produire le froment, mais très-convenable au trèfle et au seigle.

§ 5. *Place dans la rotation.*

Dans les contrées où le lin est l'objet principal de la culture, on lui subordonne toutes les autres récoltes; c'est à lui qu'est destiné l'emplacement le plus favorable, et on n'épargne ni peine ni dépenses pour arriver à la plus forte production possible.

Entre Courtrai et Menin, en Flandre, on sème, d'après Hinz, le lin, tous les sept ou huit ans, sur le même emplacement; et, dans ce cas, on le fait succéder fréquemment à une avoine venue sur pommes de terre. Le lin suit aussi la pomme de terre, le seigle et même le trèfle dans les terrains un peu liés; cependant on aime mieux, généralement, pour précédent, avoine sur pomme de terre; quand les circonstances le permettent, on fait venir le lin après la carotte, considérée comme la meilleure récolte préparatoire.

Les notes de Riethmeyer, prises dans l'ouest de la Flandre, confirment ce qui vient d'être dit. Tous ses renseignements s'accordent à indiquer la pomme de terre et l'avoine fumées ainsi que le trèfle comme étant les précédents les plus ordinaires du lin.

A Ofterdingen, dans le Wurtemberg, et dans les localités environnantes où règne encore l'assolement triennal, on fait venir le lin dans la jachère, par conséquent toujours après l'avoine ou l'orge, quoique, suivant plusieurs cultivateurs, l'orge soit le plus mauvais des précédents; mais tout cela dépend de la force et de la propreté du sol.

Dans le Ravensberg, on a l'assolement suivant:

1° Seigle fumé avec quatre à cinq charges par morgen de Magdebourg (25 ares 50 centiares);

2° Seigle fumé avec deux ou trois charges;

3° Avoine;

4° Un tiers en lin, un tiers en trèfle et un tiers en hivernage.

Cette rotation fait revenir le lin sur la même place tous les douze ans; quelquefois, cependant, on hâte son retour et on le fait revenir la dixième année. Un champ de seigle, détruit par les pluies d'hiver, peut recevoir du lin avec avantage, dans le cas où il aura eu le temps de se ressuyer de bonne heure et où il sera susceptible d'être parfaitement travaillé.

Le lin ne réussit pas après les pois, mais les pois, au contraire, réussissent très-bien après lui.

Le lin, dit Schwerz, dans ses anciens manuscrits, se craint lui-même et ne prospère, dans certaines localités, que six ans, dans d'autres que neuf ans, après sa dernière apparition. Il vient bien surtout dans une terre qui n'en a jamais porté ou qui du moins n'en a pas porté depuis longtemps; mais cette règle a, comme toutes les autres, ses exceptions : il existe des champs qui le produisent avec avantage toutes les années. Le trèfle semblerait, de tous les précédents, être celui qui conviendrait le mieux au lin; car ce dernier ressent la bonne influence de cette légumineuse, même lorsqu'une ou deux céréales l'en séparent. Le lin vient bien aussi après les plantes sarclées, telles que les betteraves, les carottes, les pommes de terre, et surtout après le chanvre. De là le proverbe :

> Si tu sèmes ton chanvre en un riche terrain,
> Tu tiens de lin déjà belle récolte en main.

Dans le duché de Gueldre, on regarde comme très-bonne la rotation que voici :

1° Orge;

2° Trèfle;

3° Lin;

4° Froment.

Le lin devient magnifique sur un rompu de vieilles prairies ou sur un pâturage, même abandonné depuis plusieurs années. Quelquefois il est trop beau et il verse; pour parer à cet inconvénient, il faut avoir soin de rompre le gazon avant l'hiver. Le seigle succède généralement au lin, et alors il réussit bien, parce qu'il croît sur une terre parfaitement propre.

§ 6. *Fumure.*

Un sol en pleine fertilité et qui convient au lin ne demande pas absolument à être fumé pour le produire. Souvent on fait venir le lin deux ans et même trois ans après fumure. Dans certaines localités, on le fume toujours; dans d'autres, on ne le fume jamais. Dans les premières, on se sert de fumiers courts autant que possible; si l'on ne peut disposer que de fumiers longs, on les enterre avant l'hiver sans en mettre une trop grande quantité, parce qu'alors la récolte verserait et que le produit serait, en quelque sorte, avorté. Tous les engrais composés de matières végétales et animales peuvent être employés bien qu'avec des résultats correspondant à leur richesse intrinsèque. L'engrais de cheval seul doit être entièrement exclu.

En Flandre, la colombine est l'engrais le plus estimé pour la culture du lin; elle convient principalement aux terres froides : dans ce cas, on la répand immédiatement avant la semaille, et la herse vient l'enterrer avec la graine.

Les cultivateurs qui habitent les bords des rivières

et des canaux préfèrent se servir de matières fécales étendues d'eau, tant à cause de la richesse de ces engrais que de la facilité du transport. La cendre, qu'ils se procurent par les mêmes voies, exerce aussi un excellent effet sur un rompu nouveau de prairie et de pâturage.

La méthode qui consiste à étendre du fumier court sur un champ ensemencé est très-avantageuse, surtout dans les localités où il pleut fréquemment ; ce fumier amortit l'action tassante de la pluie et conserve au terrain sa friabilité.

On prétend que la marne, qui convient si bien à toutes les récoltes, ne convient pas du tout au lin. Des faits très-remarquables, recueillis dans la province de Minden, prouvent en effet que les linières marnées produisent une espèce de filasse qui paraît brûlée et qui, même sans cet inconvénient, est toujours de qualité inférieure.

Du purin répandu de bonne heure, et un compost de cendres, de fumier et de boue des rues qu'on aura eu soin de mettre en tas dans le courant de l'hiver précédent, constituent également un engrais favorable à la végétation linière.

Dans le pays de Courtrai, la fumure habituelle est principalement composée de purin et de tourteaux de colza. On répand sur un bunder (1 hectare 30 ares) * soixante-quatre tonneaux de pu-

* Un bunder est un peu plus grand que cinq morgens prussiens.

rin, dans lesquels on a fait dissoudre seize cents tourteaux; cette opération est d'autant meilleure qu'elle a été faite au commencement du printemps. Quelques jours avant leur emploi, on jette les tourteaux en quantité voulue dans les citernes à purin, toujours pourvues d'une bonne provision de matières fécales; le purin, ainsi préparé, est charrié dans un tonneau jusque sur le champ, où l'on emplit de grands baquets, que l'on porte sur deux perches, pour le répartir uniformément sur toute la surface avec une grande cuiller armée d'un long manche; la terre, ainsi arrosée, reste en repos jusqu'au moment de la semaille, sans recevoir aucun hersage pour enterrer le purin.

Riethmeyer dit que l'on se sert, dans la Flandre occidentale, de tourteaux de chanvre comme fumure supplémentaire, c'est-à-dire quand le lin vient après pommes de terre ou avoine. Cette fumure est appliquée de préférence aux terrains frais ou même un peu froids, et les tourteaux, réduits en poudre, sont répandus à la main, trois ou quatre semaines avant la semaille, sur le dernier labour; quelques jours plus tard, on l'enterre à la herse : souvent on arrose encore avec du purin. J'ai vu, ajoute Riethmeyer, un cultivateur jeter, sur 1 morgen prussien (25 ares 50 centiares), 660 livres (320 kil. 10 décag.) de tourteaux de chanvre, coûtant 10 rixdal. et 10 silb. (38 fr. 25 c.).

Dans le Ravensberg, on sème le lin trois ans

après la fumure ; ce n'est que lorsqu'il faut absolument le semer sur une terre maigre et légère que l'on met un peu d'engrais pendant l'automne précédent. Cet engrais n'est ordinairement autre chose que des raclures ; on ne se sert jamais du fumier de cheval ; le fumier de porc lui serait de beaucoup préférable : quelquefois on fait parquer au printemps.

Selon Jungerich, on procède tout à fait de la même manière dans le pays de Munster.

A Ofterdingen (Wurtemberg), on fume, pour le lin, comme cela a lieu partout où cette plante est cultivée sur la jachère de l'assolement triennal. Là, comme ailleurs, le fumier de cheval est rejeté, et on se sert principalement du fumier de mouton et du parcage ; souvent aussi on répand du purin dans lequel on a fait dissoudre des tourteaux de lin.

Un grand nombre d'expériences comparatives faites à Hohenheim ont prouvé que les terres les plus fertiles produisaient un lin grossier, branchu et foncé en couleur, et que les champs moins riches donnaient un lin très-fin, un peu moins élevé, d'un vert jaune et à feuilles étroites. Ces différences ont été remarquables surtout dans les endroits parqués à doses différentes, comparés à ceux qui ne l'avaient pas été : de là on a conclu que celui qui ne vise qu'à la quantité doit fumer beaucoup, et que, au contraire, on ne devrait pas fumer pour avoir une belle qualité.

§ 7. *Préparation du sol.*

La préparation des terres pour le lin varie suivant les localités et suivant la plante qui l'a précédé.

Dans le Ravensberg, on rompt le chaume de la céréale précédente et on laisse le sol en cet état pendant l'hiver entier. Au printemps, on herse vigoureusement et on retourne à plat; quelques semaines après, nouveau hersage et nouveau labour à 5 ou 6 pouces (130 ou 156 millim.) de profondeur. Le sol repose ainsi jusque vers quinze jours avant la semaille; on herse alors trois ou quatre fois, et on roule jusqu'à ce que le sol soit parfaitement propre. La herse doit être chargée pour la dernière façon, que l'on donne en long, en travers et obliquement, afin de repasser plusieurs fois sur la même place; on roule de nouveau, on sème et on enterre la semence par une légère façon de herse, une fois en long et deux fois en travers. Suivant une opinion généralement répandue, le sol qui doit produire le lin ne peut jamais être trop tassé, et souvent, lorsque le semis est fait, la terre est tellement pressée, que le pied d'un cheval ne s'y enfonce que faiblement.

Jungerich dit que, dans le pays de Munster, le terrain pour le lin sur avoine est préparé de la manière suivante. On donne un labour de 4 à 5 pouces (104 à 130 millimètres) en automne; au printemps suivant, deuxième labour de 8 à 9 pouces (208 à 236 millimètres) ; et enfin, pour la semaille, troisième labour de 5 pouces (130 millim.). Après chaque labour, hersage suivi, au printemps, de trois ou quatre façons au rouleau lorsque la terre est trop meuble.

Dans le pays de Juliers, le sol, avant l'hiver, est mis en billons, à deux reprises différentes, par de bons labours et passe la mauvaise saison en cet état. Au commencement de janvier, on réunit les fumiers en tas pour les faire décomposer ; lorsque la décomposition est accomplie, ils sont menés sur les champs, où on les répand avec soin sans les enterrer. Chaque morg. (25 ares 50 centiares) reçoit quinze charges à un cheval de fumier bien fait, et la terre attend ainsi jusqu'au commencement d'avril : alors on donne une bonne façon de herse renversée et garnie de broussailles ; cette façon brise le fumier et le mélange avec la surface du sol ; on repasse ensuite en long et en travers, autant de fois qu'il le faut pour atteindre le degré voulu de friabilité ; on a soin de faire ces hersages immédiatement avant la semaille, afin que la graine ne manque pas d'humidité pour germer, car le semis doit se faire sans labour.

La culture à un seul labour, surtout lorsqu'il s'agit d'un chaume de trèfle, de même que la fumure du guéret pendant l'hiver, ont lieu également dans le pays de Gueldre et dans la Campine, avec cette différence que l'on mène sur le sol vingt charges à un cheval de fumier long par morg. (25 ares 50 centiares), et que le chaume s'enlève au râteau au commencement du printemps.

Près d'Anvers, où l'on aime tant à faire suivre le lin au trèfle, on adopte la même méthode; mais si, au contraire, le lin succède à l'avoine, on commence par rompre légèrement le chaume de cette dernière, et l'on donne ensuite un double labour très-profond. Ces deux façons ont lieu en hiver; au printemps, pas de labour, mais huit à dix hersages. Ce système est commun à une grande partie des Flandres.

Les cultivateurs de la Westphalie choisissent pour le lin un bon pâturage qu'ils ne fument pas; ce pâturage est rompu avant l'hiver, et, au printemps, on le prépare à la semaille par la herse et le rouleau.

D'après tout ce qui précède, on voit que la herse rend d'immenses services à la culture du lin; le rouleau joue également un grand rôle, surtout lorsque le champ est encombré de mottes durcies par la sécheresse. Quelques contrées seulement, sans doute à cause de leur sol trop revêche, sont obligées de donner, pour le lin, trois, quatre et même cinq labours, tant en automne qu'au printemps.

Dans le pays de Courtrai, le champ se laboure et se herse dès que l'on a enlevé l'avoine ou le seigle, et on fait passer le traîneau jusqu'à ce qu'il soit parfaitement égalisé et la mauvaise herbe détruite; les semailles d'hiver finies, on revient donner un labour à toute profondeur de charrue (un bon pied) (313 millimètres).

D'après les expériences faites dans cette localité, on ne saurait labourer assez profond pour le lin. Plusieurs cultivateurs donnent, dans ce but, un double labour, ou bien un labour suivi d'une façon à la bêche, afin de ramener le sous-sol à la surface; ce travail a lieu avant l'hiver, et on le fait suivre de la fumure, ce qu'il est important de faire dans le plus court délai.

Dans certains cantons des Flandres, selon Hinz, on rompt légèrement, en automne, après l'avoine; on herse et on égalise ponr détruire radicalement les mauvaises herbes. La terre est ensuite mise en billons très-étroits, afin de faciliter l'écoulement des eaux pendant l'hiver; au printemps, on laboure en mettant quatre billons ensemble; le cinquième billon est divisé en deux parties, dont l'une va joindre les quatre billons de droite, pendant que l'autre va se réunir aux quatre billons de gauche; de cette manière, on obtient des surfaces de 40 pieds (12^m,520) de largeur que l'on herse et roule jusqu'à parfaite propreté. Le moment de la semaille arrivé, on donne un labour à pleine charrue, en ayant soin de faire des sillons très-étroits; le sol, après ces façons, ne pouvant être facilement égalisé, est, autant que possible, hersé et roulé fréquemment jusqu'à la semaille.

Riethmeyer a vu, dans une ferme de la Flandre occidentale, un terrain léger, qui avait produit des pommes de terre fortement fumées, recevoir un vigoureux hersage aussitôt après cette récolte, et ensuite un labour de 8 à 9 pouces (208 à 234 millim.) de profondeur avant l'hiver. Le 6 mars suivant, on répandit des tourteaux de chanvre; on hersa, le 11, en travers, et, le 18, en long; le 3 avril, hersage nouveau en long et en travers, roulage, hersage, et enfin façon pour égaliser; là-dessus, semis et hersage pour enterrer.

Un trèfle venu sur avoine fumée a été traité, dans le même canton, de la manière suivante :

Fin octobre, rompu et hersage; 23 décembre, labour profond au moyen d'un double labour de 8 à 9 pouces (208 à 234 millimètres); le 3 mars, arrosement avec du purin mélangé de tourteaux de colza et hersage les jours suivants; le 3 avril, époque de la semaille, le champ fut hersé, roulé, hersé, égalisé et ensemencé; la graine fut enterrée à la herse, après quoi on égalisa et on tassa à la main.

§ 8. *Semaille.*

L'époque de la semaille du lin ne peut se soumettre à aucune règle constante; le temps de cette opération est différent, non-seulement pour chaque contrée, mais encore pour chaque localité ; on sème ordinairement depuis le mois de mars jusqu'au milieu de juin.

Dans le comté de Ravensberg, le lin après pommes de terre se sème en avril, et le lin après seigle ou avoine, dans la dernière quainzaine de mai. On choisit, pour le pays de Juliers, la dernière quainzaine d'avril ; mais, dans la plupart des autres localités, on sème avant ou après ce terme, selon qu'une semaille hâtive ou tardive offre plus de chances de succès. Un temps modérément humide est convenable à la semaille ; un temps mouillé ne l'est jamais.

Dans les deux contrées que nous venons de citer, la semaille se fait ordinairement dans la matinée, car l'expérience a démontré que le lin semé après midi ne fleurit pas d'une manière uniforme. Un hersage et une légère façon au rouleau suivent généralement le semis ; quelquefois, cependant, au lieu de rouler, on préfère égaliser au traîneau, parce que la trace des attelages est mieux effacée : au surplus, le choix de ces deux moyens dépend de la température, car, par un temps sec, il vaut infiniment mieux rouler que d'égaliser au traîneau.

Dans les environs de Courtrai, on prépare le terrain pour la semaille en le hersant et en l'aplanissant alternativement jusqu'à ce qu'il soit parfaitement ameubli, car le lin aime une terre à la fois fine et close. On sème sur le dernier coup de traîneau, entre le 25 mars et le 15 avril, quelques jours plus tôt ou plus tard néanmoins si le temps l'exige. On ne renouvelle la semence, dans ce pays, que tous les cinq ou sept ans; le sol ensemencé et hersé est soumis ensuite à l'action du traîneau, afin de faire disparaître complétement les traces de l'attelage. Souvent, après, on est obligé de rouler; on se sert alors d'un léger rouleau tiré par deux hommes.

Hinz dit qu'à Wingene, en Flandre, la plupart des lins se sèment depuis la mi-avril jusqu'au 20 mai, parce que le sol est plus lourd et s'y réchauffe plus tard qu'à Courtrai. Si donc on admet qu'une semaille hâtive est plus avantageuse qu'une semaille tardive dans les terres légères et sèches, on peut conclure avec certitude que le contraire a lieu dans les terres lourdes. Il est toujours très-important, et pour le lin surtout, que la semaille ait lieu par une température tranquille et reposée : on sème la graine sur le même pied; ainsi donc, le jet de semence ne peut se faire que tous les deux pas. Il faut espacer chaque ligne à parcourir de 1 mètre de distance. On herse à un cheval pour enterrer, d'abord dans le sens des sillons et ensuite obliquement; après le hersage, on aplanit légèrement et on passe un léger rouleau tiré par des hommes.

Si le trèfle doit venir en même temps que le lin, ce qui arrive souvent dans cette localité quand le lin suit la pomme de terre ou le seigle, on le sème aussitôt après le hersage qui a enterré le lin, et avant les façons données au traîneau et au rouleau.

A Gœllschau, en Silésie, on sème le lin hâtif depuis la fin de mars jusqu'au 10 avril, et le lin tardif depuis la fin de mai jusqu'au 10 juin.

Si l'on a de la bonne graine étrangère, 80 à 84 livres, ou 37 à 39 kilog. (1 schffl. prussien entier par morg. prussien, — 549 centil. par 25 ares 50 cent.), seront suffisantes; mais, si la graine est de qualité médiocre, il en faudra 125 livres, ou 53 kilog. (1 schffl. prussien et demi, —274 centil.). Lorsqu'on se sert de graine indigène, il en faut toujours davantage, ordinairement le double, c'est-à-dire 2 schffl. par morg. (1 hect. 98 lit. par 25 ares 50 cent.), selon que la graine est plus ou moins propre et saine.

§ 9. *Soins.*

Aucune plante ne craint la mauvaise herbe comme le lin; aussi les sarclages soigneusement faits lui sont indispensables. Dans certaines circonstances défavorables, ce travail peut être très-coûteux, et la présence presque continuelle des sarcleuses peut ralentir le développement de la jeune plante; c'est pourquoi il est si important de travailler et d'approprier le sol par de nombreux hersages avant de semer. On ne doit procéder au sarclage que lorsque le lin a 3 ou 4 pouces (78 ou 104 millim.) de hauteur, et profiter, pour le faire, du moment où le sol n'est ni trop humide ni trop sec; car, en cas d'humidité, les sarcleuses pourraient former, par leurs piétinements, une croûte qui étranglerait la tige encore tendre, et en cas de sécheresse, surtout si le sol tend à se crevasser, le lin pourrait être arraché avec la mauvaise herbe. Dans beaucoup d'endroits, les sarcleuses s'agenouillent, se couchent ou s'asseyent pour travailler : aucune de ces positions ne peut nuire lorsque le sarclage se fait rapidement et que les ouvrières sont soigneuses ; il faut éviter par-dessus tout qu'elles ne portent avec elles quelques objets lourds qui puissent écraser la plante. Schwerz ajoute, en plaisantant, que, pour ce travail, il vaut mieux employer des sarcleuses maigres que des sarcleuses grasses.

En Flandre, on sarcle environ quinze jours après la semaille, lorsque le lin a quelques pouces de hauteur. On prétend que ce sarclage hâtif est une condition nécessaire à une bonne culture ; si, plus tard, les mauvaises herbes reparaissent, il importe de sarcler de nouveau : on rassemble alors autant de monde que possible, afin que l'ouvrage soit promptement terminé. Les frais de sarclage ne peuvent pas être facilement indiqués, parce que la quantité de mauvaises herbes varie selon les années.

Lin versé. — Le cultivateur qui veut obtenir un lin d'une belle venue est obligé de préparer et de fumer son champ de la manière la plus parfaite ; mais alors, il court le danger de voir sa récolte verser. Lorsque le lin verse de bonne heure, ou il est entièrement perdu, ou, s'il reprend un peu de vigueur, l'écorce, surtout dans les années humides, se décompose sur la terre, et la filasse qui en provient est courte et mauvaise. En certaines localités, pour éviter cet inconvénient, on étend sur le sol, après le sarclage, des broussailles coupées ; le lin pousse, passe à travers les branches et se trouve ainsi garanti d'un versement complet.

En Flandre, on le préserve de ce danger par le moyen suivant, qui est plus efficace : les cultivateurs font provision d'un nombre suffisant de perches de la force de celles qui servent à ramer les fèves, de fourches en bois longues de 1 pied et demi (469 millim.) et de courtes baguettes très-minces; après le sarclage, on enfonce en terre, sur le bord des planches, ou, à défaut de celles-ci, sur des lignes parallèles, le manche des fourches en bois, jusqu'à ce que ces fourches ne dépassent plus le sol que de 1 demi-pied (156 millim.); la distance qui séparera ces fourches entre elles doit dépendre de la force des perches qu'elles doivent supporter. On pose d'abord sur ces fourches les perches les plus grosses ; sur celles-ci, et en travers de la planche, on dispose les plus faibles en les espaçant de 2 à 3 pieds (626 à 939 millim.); et enfin, sur ces dernières, on arrange les petites baguettes dont nous avons parlé de manière à former une espèce de grillage qui recouvre la récolte entière. Dès que les plantes montent, elles passent à travers le grillage et se trouvent à l'abri des efforts du vent et de la pluie ; les racines, par ce moyen, sont également garanties d'une trop grande chaleur et d'une humidité excessive : ce grillage, à la vérité, ne prévient pas complétement le versement du lin ; mais, au moins, il empêche qu'il ne soit couché sur la terre. La plante, soutenue de la sorte par les perches nombreuses qui l'entourent, se relève sans peine, laisse facilement écouler les eaux pluviales qui la surchargent, et l'air qui circule en dessous, en lui redonnant la vie et la force, contribue puissamment à la conservation de la filasse ; mais, comme cet appareil occasionne beaucoup de frais, il ne faut l'employer que pour une culture importante et lorsqu'on se sert de la meilleure semence étrangère.

§ 10. *Ennemis et accidents.*

Dans les environs de Courtrai, on fume le lin à la fin de février ou au commencement de mars, parce qu'on a remarqué que la sauterelle attaquait le lin de préférence lorsqu'il avait été fumé trop tard. Les taupes lui causent également de grands dommages par leurs travaux souterrains.

La végétation du lin ne réussit que par une température douce et moite : s'il pleut trop, il pourrit; s'il fait trop chaud, il sèche, ou bien encore les extrémités de la tige prennent une teinte rougeâtre qui résiste au rouissage et à tous les autres palliatifs.

Hinz rapporte que le lin, en Flandre, est sujet à

deux maladies qui lui causent de grands ravages.

L'une d'elles, le charbon, jaunit la tige à sa partie inférieure et la noircit à la cime ; elle se dessèche alors complétement et périt. Cette maladie est le résultat de causes diverses : selon les uns, elle naîtrait sous l'influence d'une fumure faite avec des engrais pailleux et longs, ou après une fumure de tourteaux de colza ; selon d'autres, elle serait due aux labours profonds et au retour fréquent du lin sur la même place. La seconde maladie, que les Flamands appellent *weiswerden*, fait tomber la partie supérieure de la plante et fait pousser, vers le milieu de la tige, un nouveau bourgeon, qui prend la place de la cime tombée. Si le temps devient favorable, le dommage est moins grand ; mais si, au contraire, la sécheresse continue, la filasse prend une mauvaise teinte.

§ 11. *Récolte.*

Il est impossible de désigner d'une manière certaine le moment de la récolte du lin, lors même que l'opinion générale assigne entre cette époque et la semaille un intervalle de onze semaines. Dans certains cas, surtout quand le lin a versé ou quand des places jaunes se montrent sur le champ, on est obligé de l'arracher beaucoup plus tôt.

Cette question, d'ailleurs, ne peut être, en quelque sorte, résolue que lorsque l'usage subséquent du lin est déterminé. Les règles que nous allons exposer peuvent cependant servir de guide.

Lorsque la fleur est tombée, il est facile de discerner la qualité des tissus que le lin pourra donner, c'est-à-dire si l'on en pourra faire de la toile fine, moyenne ou grossière. Pour le premier usage, on l'arrache immédiatement après la floraison achevée ; la graine, à la vérité, est alors entièrement perdue, mais la filasse obtenue est recherchée pour les tissus les plus fins, et elle a une valeur d'un tiers plus élevée que celle qu'on obtient après la maturité de la graine. Pour le deuxième usage, on arrache peu de temps avant la maturité, et alors la filasse est de qualité moyenne ; mais, pour le dernier emploi, on attend que les capsules soient complétement mûres, afin de trouver, dans une grande quantité d'excellentes graines, une juste compensation à la grossièreté de la filasse. Le lin doit être arraché avec ses racines ; cependant, quand la couche superficielle est solide, plusieurs tiges se brisent à leurs collets, c'est-à-dire au renflement qui joint la racine à la tige ; c'est pourquoi il faut arracher avec précaution. Le lin récolté est disposé en andains très-légers, que l'on laisse sécher pendant quelques jours ou que l'on met en petites bottes immédiatement liées et dont on fait des tas pyramidaux : souvent ces petites bottes sont transportées à la grange, afin d'y être drégées.

En Flandre, le lin semé dans la première quinzaine d'avril et favorisé d'une bonne température est récolté du 8 au 17 juillet, et huit jours plus tôt si la sécheresse a été constante. Les signes d'une maturité prochaine sont la chute de la plupart des feuilles et le jaunissement de la partie inférieure de la tige jusqu'à son milieu. Il ne faut cependant pas attendre le moment où le champ tout entier présenterait ces deux indices; dès qu'on les remarque sur sa plus grande étendue, il faut se hâter d'arracher, sans cela on risque de laisser la filasse perdre beaucoup en qualité. Il est donc prudent de se munir à l'avance de travailleurs, afin de terminer cette opération en peu de temps.

Le jour venu et les ouvriers rendus sur le champ, chacun d'eux saisit avec sa main autant de lin qu'elle en peut contenir, en faisant attention de ne pas briser ni embrouiller les tiges : il faut surtout qu'ils aient soin de ramasser celles qui sont par terre, avant d'arracher celles qui sont debout. Lorsque l'ouvrier en a arraché une bonne poignée, il la prend par l partie qui avoisine les racines, et la secoue fortement, afin de séparer les cimes; ensuite il couche par terre chaque poignée, en les plaçant les unes à côté des autres, mais en sens inverse, c'est-à-dire les pointes de l'une contre les racines de l'autre, et réciproquement. Trente-deux ouvriers actifs peuvent ainsi arracher, en un jour, un *bunder* de lin, ou 1 hectare 27 ares 50 centiares

(ce qui fait six ouvriers par *morg.* prussien — 25 ares 50 centiares). Le même jour, on met le lin en meulerons de trois à quatre pas de longueur, que l'on forme de deux rangs de petites bottes inclinées les unes contre les autres, la tête en haut. Comme il importe beaucoup de garantir le lin du vent et de la pluie, il faut apporter une grande attention à la forme et à la solidité de ces meules ; voici comment elles doivent être construites :

On emploie, pour chaque meule, deux grandes et quatre petites ouvrières ; les deux premières font la meule et les quatre autres en apportent les matériaux. Les deux grandes, se plaçant en face l'une de l'autre, commencent la meule par le milieu ; chacune d'elles, de ses deux mains, prend deux bottes qu'elle incline de manière à les joindre par leurs sommets et à figurer ainsi, avec les quatre premières bottes, une pyramide quadrangulaire. La meule devant être de forme prismatique, il s'ensuit qu'elle prend son accroissement par des applications successives de bottes sur deux des côtés opposés de la pyramide ; pour continuer, une des ouvrières appuie, de sa main droite, une botte qu'elle contient du pied et du genou droits contre une des faces de la pyramide dont nous avons parlé ; de la main gauche, elle en prend une seconde, qu'elle contient de même de la jambe et du genou gauches ; elle revient ensuite au côté droit, et ainsi de suite, en marchant à reculons ; sa compagne, placée vis-à-vis d'elle, en fait autant en sens inverse. On conçoit que le lin doit être mis à leur portée, afin qu'elles ne se dérangent pas dans leur travail.

Nous allons donner les mesures à observer pour la formation de ces meules.

1° Les racines ne doivent pas avoir plus de 2 pieds (626 millim.) d'écartement dans le sens transversal de la meule, et, si le lin est court, une largeur de 1 pied et demi (470 millim.) suffira pour que les eaux de pluie puissent s'écouler facilement.

2° Il faut presser un peu les unes contre les autres les pointes des tiges, dans le sens des grands plans, afin de former un angle aussi aigu que possible.

3° Il est nécessaire, surtout, d'appuyer du pied et du genou, afin que les bottes soient parfaitement assemblées les unes aux autres. Ce détail doit être observé avec d'autant plus d'attention, que les extrémités radiculaires, qui, par leur forme, prennent plus de place que les sommets, détruiraient bientôt toute régularité, si on n'avait la précaution de les serrer convenablement.

4° La meule doit être construite en ligne droite, autant pour satisfaire le coup d'œil que pour lui donner plus de solidité.

5° L'axe longitudinal doit toujours être dans le sens des vents dominants; car, si les meules leur présentaient le flanc, elles seraient bientôt renversées.

6° Pour assujettir et raffermir les extrémités de la meule, on passe la main droite à travers le plan incliné droit et l'on saisit, dans le plan opposé, quelques tiges que l'on ramène à soi ; la main gauche, traversant la paroi gauche, prend et ramène également quelques tiges du côté droit, et l'on obtient ainsi deux liens, qui, noués ensemble, assujettissent très-bien, par leur sommet, les deux plans l'un à l'autre. Six ouvrières et douze aides, travaillant en trois escouades, peuvent, en un jour, mettre un bunder * (1 hect. 27 ares 50 cent.) de lin en meules.

On n'emmeule pas le lin dans le but de sécher les capsules, mais seulement pour commencer la dessiccation de la tige. Une forte pluie, venant à tomber le premier ou le deuxième jour après l'emmeulement, ne peut nuire au lin qui est encore vert ; mais elle pourrait lui causer un grand dommage s'il était presque sec. La blancheur de la filasse est exposée à de graves atteintes lorsque le lin est soumis à l'influence du soleil alternant avec la pluie ou le brouillard ; dans ce cas, il n'est plus possible d'y porter remède : aussitôt donc que les tiges sont sèches, on les rassemble et on les lie en bottes de 9 à 12 livres (4 kilog. 14 à 5 kilog. 52),

* La récolte d'un bunder forme ordinairement 230 meules.

ayant de 3 à 3 pieds et demi (939 millim. à 1^{m},95) de circonférence. Si l'emplacement des granges est considérable, il vaut mieux y abriter le lin que de le laisser dehors ; on peut alors y attendre, sans inquiétude, l'entière maturité de la graine dans les capsules, avantage auquel il faut renoncer dans les grandes cultures. Lorsque la récolte est considérable, on en forme de grands tas en pleine terre. Par un beau temps, quatre ou cinq jours peuvent suffire pour la dessiccation du lin en petites meules, tandis qu'il lui en faudrait huit à dix si le temps n'était pas favorable.

Pour faire les grandes meules, on prend un certain nombre de bottes, soixante-six par exemple, que l'on dresse sur trois rangées en ligne droite, en les serrant parfaitement les unes contre les autres ; sur cette triple rangée, présentant une surface d'une largeur de 3 pieds (939 millim.) environ, on met une couche d'autres bottes disposées en travers et alternant par les bases et les sommets ; sur cette couche, on en met une deuxième, et, sur celle-ci, une troisième, en observant toujours, et entre les bottes et entre les couches, l'alternance des extrémités : de cette manière, les deux bouts de la tige sont exposés à l'air, excepté ceux de la rangée intérieure droite faisant partie de la base. Pour couvrir la meule, on arrange bout à bout, en travers de la troisième couche, c'est-à-dire dans le sens de l'axe longitudinal, sept bottes à la suite les unes des autres; au-dessus, vingt-deux bottes nouvelles, couchées les unes à côté des autres, viennent se réunir en forme de toit : le tout est ensuite recouvert de paille de seigle assujettie avec des liens de paille. Il est encore plus important pour les grandes meules que pour les meulerons de se régler sur la direction des vents; car, étant construites sur de plus grandes proportions, elles donnent plus de prise à leur action et sont, par conséquent, plus susceptibles d'être renversées.

Schwerz prétend, d'après ses expériences, qu'il est préférable d'établir ces meules dans une grange bien aérée ou sous un hangar qu'en plein champ; en effet, dit-il, cette opération faite au dehors est sujette à beaucoup d'inconvénients, tels, entre autres, que la perte des graines. Neuf à dix grandes meules de cent quatre-vingts à deux cents bottes chacune peuvent réunir la récolte de 1 bunder (1 hect. 27 ares 50 cent.) de lin réussi. Six ou sept jours, et quelquefois, selon la température, douze ou quinze jours après l'emmeulement, la semence peut être assez mûre; dès lors, on défait les meules; chaque botte est dressée isolément sur sa base afin de se dessécher complétement, et deux ou trois heures après on peut les emmagasiner; mais avant, il faut avoir soin de garnir d'un lit de bonne paille sèche le sol de la grange destiné à serrer la récolte. A mesure que l'on apporte les bottes, on pose les premières debout, et sur elles on arrange le reste couché, en ayant soin d'éviter toute irrégularité et en observant toujours d'alterner les extrémités des bottes et de croiser le sens des couches. La récolte reste en cet état jusqu'au moment où on veut en retirer la graine, opération qui peut être retardée jusqu'aux mois de février ou de mars suivants, à moins qu'on ne doive faire rouir le lin dans le même automne.

M. Troch, en Silésie, arrache le lin lorsque la floraison est à peine terminée; dans ce moment, la tige a une filasse tellement tendre qu'on peut l'employer aux tissus les plus fins. Les cultivateurs des régions montagneuses de la Silésie ne laissent jamais mûrir le lin, qui, à cause de la prompte invasion de l'hiver, aurait trop à souffrir des neiges; aussi leur lin, comme filasse, a-t-il beaucoup plus de valeur que celui qui croît dans la plaine, parce qu'on laisse ce dernier monter en graine.

Dans le Ravensberg, on attache un tel prix à la filasse fine, que la graine est tout à fait négligée et que l'on fait rouir le lin avec ses capsules.

§ 12. *Récolte de la semence.*

Schwerz s'est constamment occupé de trouver le moyen d'affranchir son pays de l'importation des graines étrangères. Il avait observé que cette nécessité, sans cesse renaissante, empêchait d'une manière sérieuse le développement de l'industrie linière, soit parce que les prix d'achat demeuraient trop élevés, soit et surtout par le motif que ce commerce donnait lieu à beaucoup de fraude dont le cultivateur honnête devenait victime ; souvent, en effet, ce dernier achetait très-cher de la mauvaise marchandise, dont l'emploi l'exposait à des pertes qui le rendaient dupe de sa bonne foi.

Les lignes suivantes nous apprendront tout ce que Schwerz a laissé de plus intéressant sur cette question.

A. Extrait des comptes rendus de Hinz pendant son séjour en Flandre. — On emploie en Belgique beaucoup de graines de Riga et autres variétés étrangères ; mais, quand on veut s'en passer et se servir de sa propre semence, on procède ainsi :

Au lieu de *dréger* les capsules, on les brise par un battage afin de faire sortir la graine : cette opération se fait quelquefois dans l'arrière-été, mais le plus souvent au printemps suivant. Quand on a obtenu toute la semence en la traitant au battoir, on rassemble de nouveau les tiges et on les rapporte dans la grange. Un ouvrier peut battre, en un jour, de soixante à quatre-vingts bottes si le lin est d'une longueur uniforme ; dans le cas contraire, il en bat beaucoup moins. Après le battage, la graine est nettoyée au tarare, et la balle qui forme le résidu est mise à part pour être cuite avec des pommes de terre ou des raves destinées à la nourriture des vaches. On assure que la graine restée en capsules jusqu'au printemps est meilleure que celle qui provient d'un battage immédiat.

Dans la Flandre occidentale, d'après Riethmeyer, la graine obtenue, dans la première année, d'un semis de lin tonnelé sert fréquemment comme semence.

B. Ravensberg. — Le renouvellement annuel au moyen de graines étrangères, surtout au moyen de graines russes, est généralement usité dans le Ravensberg, où l'on tient beaucoup à la qualité de la filasse. Les pays où se fabriquent les tissus grossiers sont les seuls où on laisse mûrir le lin afin d'employer sa graine, que l'on finit toujours, du reste, par renouveler trois ou quatre ans après. L'état des récoltes dépend beaucoup du traitement qu'on fait subir aux graines venues de semences étrangères et destinées à la reproduction; à cet effet, les capsules sont immédiatement drégées et étendues sur une aire pour être convenablement aérées et séchées; on les remue souvent et on les bat au printemps. La graine acclimatée réussit rarement après six ans de culture consécutive. Plusieurs moyens ont été proposés dans le but d'améliorer la graine du pays; voici les principaux :

1° Le sol ne doit être ni trop maigre ni trop gras;

2° Une maturité complète de la graine est indispensable : on laisse la végétation du lin se prolonger jusqu'à treize ou quatorze semaines au lieu de dix ou onze, qui est la durée ordinaire; de plus, il faut semer un tiers de moins;

3° Il faut une température favorable, ni trop humide, ni trop sèche;

4° Et enfin une conservation parfaite de la graine.

Quelques hommes de mérite se sont occupés, dans le Ravensberg, en 1822 et 1823, de naturaliser la reproduction des graines; parmi eux, on cite surtout M. Niesshoff de Toellenbeck et M. Hackel de Bielefeld. Voici leur méthode :

a. Ils firent la première semaille avec d'excellentes graines de Russie qu'ils répandirent, à l'époque ordinaire, sur un champ préparé suivant l'usage.

b. Ils ne semèrent pas plus d'un cinquième de la quantité communément employée, c'est-à-dire 30 livres au lieu de 145 (13 kilog. 80 au lieu de 66 kilog. 70) sur 1 morg. prussien (25 ares 50 cent.).

c. Le lin fut arraché dès que les tiges jaunirent et que les feuilles inférieures tombèrent.

d. La récolte, après l'arrachage, fut exposée sur le champ pour y sécher pendant vingt-quatre heures; ensuite on sépara les capsules, qui furent transportées dans un endroit propice pour y achever leur dessiccation. En 1822, 30 livres (13 kilog. 80) de graines sur 1 morg. prussien (25 ares 50 cent.) en ont produit 300 supérieures, d'après l'opinion générale, à la semence russe, en poids, en couleur et en finesse.

Cette expérience s'est confirmée par la suite, et les succès se sont tellement soutenus, que ces messieurs ont aujourd'hui de la graine excellente provenant d'une quatrième génération. Ils ont cependant, depuis, modifié leurs procédés sous certains rapports : ainsi ils arrachent le lin à l'époque ordinaire où l'on arrache celui dont on veut retirer de la filasse fine ; ils le mettent ensuite en petites bottes, et, au lieu de le laisser vingt-quatre heures sur le champ et de le dréger après, ils le laissent en plein air pendant quinze jours, afin que la graine mûrisse parfaitement au soleil ; ensuite ils le battent au fléau au lieu de le dréger à la grande étrille de fer. 30 livres (13 kilog. 80) de graines traitées suivant cette modification ont donné 530 livres (243 kilog. 80) d'excellentes graines par morg. prussien (25 ares 50 cent.) ; de plus, la filasse a pu être encore employée à un tissage passable.

C. Communication des cultivateurs de la Prusse et de la Courlande. — En 1828, Schwerz demanda à M. Siegefried de Carben, qui vint le visiter à Hohenheim, de lui communiquer les procédés en usage dans la Lithuanie et dans la Courlande pour obtenir la bonne semence de lin; M. Siegefried mit Schwerz en rapport avec MM. Auerswald de Keimkalten, Boleschwing, Brandt de Rossen, Fischer de Wickerau, Hermès de Auhoff et Strachowsky de Elditten.

Nous avons cherché à reproduire ce que ces communications avaient de plus intéressant. En voici des extraits :

a. Sol et récolte précédente. — Le lin cultivé pour

graines exige, selon plusieurs de ces messieurs, la même position et la même constitution de sol que celles que nous avons indiquées au § 4 pour la culture du lin en général. M. Hermès, en particulier, dit qu'il a obtenu la meilleure graine de lin du produit d'une semence de choix jetée sur un riche terrain, de cohésion moyenne, rompu en automne par un bon labour, après avoir servi de pâturage pendant plusieurs années. Ce rompu fut vigoureusement hersé avant l'hiver, reçut une deuxième façon au printemps dès que la surface fut ressuyée, après quoi on sema et on hersa pour enterrer. Mais si, sur un sol semblable, le seigle a précédé, alors les anciennes planches sont rompues pour être converties en billons étroits, afin de mettre le sol à l'abri de l'humidité de la mauvaise saison. On a soin de faire traverser les billons de nombreuses rigoles d'assainissement pour laisser écouler les eaux accumulées dans les bas-fonds. Après un hersage donné au printemps, on fait un simple endos dans les raies; on herse ensuite en long et en travers, puis on donne un bon labour en travers qu'on fait suivre d'un nouveau hersage; enfin on sème sur la terre ainsi préparée.

M. Boleschwing, de la Courlande, rapporte que l'on y cultive souvent le lin après seigle, mais qu'il réussit d'une manière remarquable après pomme de terre. M. Fischer préconise le trèfle de deux ans, ou un terrain reposé depuis longtemps, ou bien encore un rompu nouveau comme la meilleure place pour le lin. Dans les contrées où on le cultive pour l'exportation, on ne fume pas généralement; mais, si l'emplacement qui doit recevoir cette culture manquait de vigueur, on n'hésiterait pas à fumer avant l'hiver et même souvent au printemps; seulement, alors, on se sert de fumier excessivement fait.

b. Semaille. — Les semailles se font, dans ces contrées, également de bonne heure et tard; cependant, on choisit de préférence les premiers jours de mai pour semer le lin à graines. La quantité semée équivaut à la moitié de la semaille ordinaire de seigle; quelquefois même on va jusqu'aux trois quarts (10 à 14 mtz. par morg. prussien, — 34 lit. 30 à 48 lit. 02 par 25 ares 50 cent.). Selon M. Hermès, lorsque le champ a été préparé comme on l'a décrit au paragraphe précédent, on sème et, suivant les circonstances, on roule. Si une pluie survient sur un semis récent de manière à tasser la surface du sol, il devient nécessaire de donner de suite un coup de herse, avant, toutefois, que la germination ne soit déclarée; mais, si la graine a levé, il faut rouler vigoureusement afin de briser cette croûte : en tous cas, le sol doit être parfaitement uni et égalisé, de telle sorte que toutes les graines de la semence, se trouvant réparties uniformément, puissent germer et mûrir en même temps.

M. de Boleschwing fait encore, sur la semaille, les observations suivantes : le champ destiné au lin pour graines est rompu et hersé dès l'automne; au printemps, lorsque la gelée n'est plus à craindre, on laboure avec soin pour ameublir et affiner la terre, puis on herse et on roule légèrement ; le champ repose ainsi jusqu'à la semaille. Cette époque arrivée, on se rend de bonne heure sur place, et on laboure légèrement et avec rapidité tout ce qu'on peut semer dans la journée : ce labour doit être tellement fin que la terre ait l'apparence d'un champ hersé. Sur ce labour, on sème et on herse. Cette pratique a pour but de mettre la graine dans un milieu d'humidité convenable, afin de lui faire prendre un développement assez rapide et uniforme pour lui permettre d'étouffer la mauvaise herbe : quant au renouvellement de la graine, on prétend, dans la Courlande, qu'aucune règle ne peut l'indiquer; on ne prend de la graine étrangère que lorsque la graine acclimatée ne donne plus une production suffisante.

En Lithuanie, on n'a recours à l'étranger que si l'on y est absolument forcé, parce qu'on tient, avant tout, à produire soi-même sa semence ; toutefois, dans la nécessité, on renouvelle avec la graine de Riga.

Toutes les opinions s'accordent à admettre que, en thèse générale, la graine de l'année précédente doit toujours être employée pour semence; quelques voix attribuent néanmoins certains avantages à la graine bien conservée pendant plusieurs années, et on ajoute que, ordinairement, on peut s'en servir avec succès lorsqu'elle a été séchée par des moyens naturels, quoique M. Hermès assure qu'une graine légèrement séchée dans un four dont la température permet d'y laisser la main doive lui être préférée.

c. *Récolte et manipulations subséquentes.* — Suivant la plupart des cultivateurs, il ne faut pas arracher le lin porte-graine avant que ses capsules n'aient pris une apparence brunâtre et que le grain n'ait une couleur d'un jaune clair brillant. Voici quelques remarques sur le traitement qu'on lui fait subir après l'arrachage.

Les tiges les plus grandes, qui contiennent généralement la graine la plus mûre, doivent, d'après M. Auerswald, être écimées le plus tôt possible, tandis que les autres sont drégées seulement. Par un beau temps, on répand les graines sur le terrain ou sur une aire, pour les faire sécher, en ayant soin de les étaler en couches peu épaisses. Quant aux capsules qui ont été coupées et auxquelles tiennent encore quelques filaments, on les rassemble, on les tord en cordes et on les suspend le long de perches fichées en terre. Exposées ainsi à l'air, ces capsules peuvent y rester pendant plusieurs semaines et se sécher sans rien craindre du mauvais temps. La semence traitée de la sorte est infiniment plus estimée et jouit même d'une valeur double de celle du lin drégé. Une couleur plus claire et plus brillante, une forme plus accomplie servent, au reste, à la distinguer facilement.

M. de Boleschwing dit que le lin arraché est étendu simplement en plein air pour y laisser mûrir les capsules; après quoi on bat les cimes porte-graine et on les met sur des rayons, afin qu'elles sèchent au soleil pendant quelque temps. D'autres pensent qu'il vaut mieux sécher en granges; quoi qu'il en soit, une dessiccation complète est de rigueur pour pouvoir conserver la graine.

M. de Strachowsky est du même avis qu'Aurswald ; il ajoute seulement que les perches doivent avoir 5 ou 6 pieds (1m,560 ou 1m,878) de long, et les touffes de capsule 4 à 6 pouces (104 ou 158 millim.). Par mesure de précaution, il fait mettre à la pointe de la perche un chapeau en paille de seigle, afin de garantir les touffes de la pluie. Les autres capsules porte-graine, dépourvues de débris de tige, et qui, par conséquent, ne peuvent être suspendues, sont séchées avec soin et traitées de manière à éviter tout échauffement; dès qu'elles sont parfaitement sèches, on les transporte et on les entasse au grenier.

Quant au battage du lin à graine, les opinions sont partagées; cependant on préfère, en général, laisser la semence en capsules et lui faire ainsi passer l'hiver soit dans des greniers bien aérés, soit dans des sacs modérément remplis et ouverts, pour les battre ensuite au mois de mai, peu de temps avant la semaille. Si le battage se fait en automne, on laisse la semence avec sa balle jusqu'au printemps suivant. On nettoie alors le lin au moyen d'un grand crible construit à cet effet, et que l'on suspend à une perche sur l'aire même. Les capsules encore fermées, que le crible fait facilement apercevoir, sont ramassées pour être soumises à un second battage ; après cette opération, on passe le tout au tarare, et, quand la graine est parfaitement appropriée, on la dépose au grenier jusqu'au moment de la semer, en ayant soin de la visiter quelquefois pour la remuer.

M. Wittke de Gillgehnen assure avoir conservé de la graine de lin, pendant dix ans, dans des tonneaux où il avait mis un peu de vieux fer en barres.

d. Commerce des graines de lin. — Les marchands, en Courlande, chargent, aussi promptement que possible, sur les vaisseaux la graine que l'on doit exporter, parce que, à l'étranger, la semence fraîche et brillante est toujours préférée à l'ancienne, qui a perdu une grande partie de son apparence. On la dépose dans des tonnes absolument telle qu'elle a été livrée par le cultivateur.

La graine fraîchement battue est alors quelquefois exposée à une fermentation nuisible. M. Auerswald ajoute que la bonne marchandise doit avoir le grain bien rempli, sans être trop gros, et être brillant et d'un jaune brun.

D. Schwerz attribue aux trois causes suivantes la supériorité de la graine russe sur la nôtre :

1° Parce que la graine importée de la Livonie et de la Lithuanie a toujours plusieurs années d'âge ;

2° Parce que les cultivateurs de ces contrées traitent mieux que nous la semence ;

3° Parce qu'elle passe d'un climat froid à un climat tempéré.

Schwerz pense que, en observant ces trois points, nous pourrions, sans nous affranchir, à la vérité, de la graine russe, avoir cependant de meilleure semence indigène, supérieure, de toute manière, à celle que nous tirons de la Zélande, des contrées d'outre-Rhin et autres pays.

§ 13. *Rouissage du lin.*

Il existe deux espèces de rouissage : le rouissage à la rosée et le rouissage à l'eau.

Le premier se pratique sur des chaumes, sur des terrains vagues ou sur des prés humides, mais non mouilleux ; le lin, dans ce cas, est étendu par couches très-minces, et on le laisse sur terre jusqu'à ce que la partie corticale se détache du bois. Pour que la plante arrive à cet état, il faut souvent trois ou quatre semaines.

Le rouissage à l'eau est celui qui est le plus généralement employé ; il exige, toutefois, certaines précautions : comme les fortes bottes de tiges encore vertes peuvent facilement s'échauffer, il faut, sans perdre de temps, les conduire à la ferme, les ouvrir et les dréger; alors on relie le lin en petits paquets de quatre poignées et on le porte au *routoir*. Là on le dépose dans l'eau en couches régulières et on le recouvre de paille et de planches sur lesquelles on fait peser quelques pierres pour qu'il soit entièrement submergé. On ne peut fixer la durée du rouissage à l'eau; elle dépend de l'état de l'atmosphère, de la température de l'eau et de sa qualité. Les eaux chargées de sels, de matières minérales et de corps en putréfaction ne peuvent être employées. L'eau de source dure et froide prolonge le rouissage : de là, dans les pays de montagnes qui n'ont que des eaux de source, la préférence que l'on accorde au rouissage à la rosée. Il ne faut pas se servir d'un routoir ombragé par des arbres, et surtout par des chênes, des aunes et des noyers; un emplacement en plein soleil est le meilleur. Avant de porter le lin au routoir, on nettoiera ce dernier de tout l'ancien limon qu'il pourra contenir et on aura soin de laisser écouler les vieilles eaux *.

Le rouissage exige beaucoup d'attention et même des connaissances exercées pour reconnaître le moment propice où le lin doit être sorti de l'eau. Quelquefois le rouissage est complet au bout de quatre ou cinq nuits, tandis que, dans d'autres cas,

* On voit par là que les routoirs peuvent être égouttés et remplis à volonté. (*Note du traducteur.*)

le double de ce temps est nécessaire. Il faut donc, dès le quatrième jour, visiter le lin fréquemment et surtout ne pas négliger les conseils de l'expérience ; car la filasse se désorganiserait sous les manipulations subséquentes si elle restait trop longtemps dans l'eau et ne donnerait plus que de l'étoupe. Le signe le plus certain que le rouissage est parvenu au degré voulu, c'est quand la tige se brise en la tordant autour du doigt, ou bien encore en frottant fortement du haut en bas, entre les doigts, quelques tiges séchées au feu ou au soleil : si la partie ligneuse se casse aisément et tombe, le rouissage est parfait. Un autre signe peut encore servir à confirmer les épreuves précédentes ; c'est celui que donnent la racine et le collet de la tige : tant que leur écorce ne se détache pas facilement et conserve une couleur rougeâtre, le rouissage n'est pas à terme ; mais, si le contraire se présente, il faut se hâter d'enlever le lin. Dès qu'il est hors de l'eau, on dresse les bottes sur pied, afin de donner un facile écoulement à l'humidité ; on les délie ensuite et on les étend sur des terres en chaume ou sur des gazons courts, où on les laisse plus ou moins longtemps, suivant la température. On remarque alors que le lin, vingt-quatre heures après sa sortie de l'eau, perd la propriété qu'il y avait acquise de se casser facilement et qu'il redevient flexible comme à l'état vert ; mais cette souplesse diminue bientôt graduellement, jusqu'à ce qu'il arrive à se casser net lorsqu'on veut le courber. Dès que cet état se manifeste, on peut le rentrer et le serrer dans un local aéré.

Quelque simples que soient ces épreuves pour le rouissage et pour l'étendage, on en recommande partout la plus stricte observation. Il ne faut donc épargner aucune visite au lin étendu et le voir souvent chaque semaine, car l'étendage dure quelquefois quinze à vingt jours.. Une règle de sûreté, qui a bien son importance, doit encore être mentionnée : c'est qu'il vaut mieux sortir le lin trop tôt que trop tard. Son rouissage, ainsi commencé, peut s'achever sur la prairie sans danger; mais, si le séjour dans l'eau a été prolongé au delà du terme fixé, il faut, pour en parer les conséquences nuisibles, le porter incontinent sur un emplacement très-sec.

Extraits des relations de plusieurs élèves de Hohenheim pendant leur séjour en Flandre. — Dans les contrées de la Flandre où le lin est la culture principale, le rouissage à l'eau est généralement adopté. Le lin à rouir devant être parfaitement sec, on le met en meules sur le champ ou bien on le porte à la grange. D'autres fois, on le rouit quand il est encore vert, après avoir été drégé; mais ce dernier moyen est employé plutôt par nécessité que par choix, parce qu'on a remarqué que, plus le lin a été conservé sec avant d'être mis à l'eau, plus le rouissage s'opère d'une manière parfaite et uniforme. On tient beaucoup à ce que l'eau du routoir soit une eau douce de rivière ou de ruisseau.

La meilleure époque du rouissage tombe entre les premiers jours de juin et la moitié de juillet, ou encore entre la mi-septembre et la fin d'octobre. A ces deux époques, l'eau jouit d'une température favorable; au mois d'août, elle serait trop chaude, et le lin rouirait trop vite; aux mois de mai et de novembre, elle serait, au contraire, trop froide et souvent même tellement chargée de matières étrangères qu'il serait impossible de rouir. On tâche également d'éviter le rouissage par des temps de pluie, surtout dans les localités où l'eau entraîne du sable; celui-ci s'interpose entre les fibres de la filasse et gâte sa qualité. Lorsque ces circonstances surviennent et que le lin se trouve dans l'eau, on le sort aussitôt et on le sèche en attendant un temps meilleur.

Le lin se macère d'autant plus vite que la température est plus élevée : ainsi, en Flandre, la durée du rouissage est ainsi calculée; il faut

En juin.	10 à 12	jours,
En juillet. . . .	7 à 10	d°,
En août	4 à 7	d°,
En septembre. .	8 à 11	d°,
En octobre. . .	10 à 14	d°.

Toutes circonstances égales d'ailleurs, le lin provenant des terrains sablonneux met plus de temps à rouir que celui récolté sur un sol argileux; celui qu'on ne peut conserver se rouit en septembre et octobre. Avant de mettre le lin à l'eau, on défait les bottes et on les étend comme les céréales que l'on veut battre au fléau. Cette opération a pour but de débarrasser les tiges de la poussière qui leur est agglutinée et de redresser celles qui s'écarteraient de la direction de la masse. Comme, plus tard, deux bottes ne doivent plus en faire qu'une, on cherche à rassembler celles qui sont de la même longueur, et, après les avoir défaites successivement, on les pose, deux par deux, sur un lien de paille, en ayant soin toutefois de mettre les racines et les sommités de l'une en sens inverse de celles de l'autre; on lie ensuite la nouvelle botte aux deux extrémités au moyen de deux liens de paille, et on retire les tiges qui dépassent. Le lien du milieu, sur lequel elles avaient été primitivement déposées, est alors fortement noué, et on resserre en même temps les deux liens extrêmes, afin que tous trois aient la même tension; cependant ces liens ne doivent pas être par trop serrés, car la botte mise à l'eau gonfle, ce qui peut amener un rouissage inégal et même faire rompre les attaches. Les bottes ont de 10 à 12 pouces (260 à 314 millim.) de diamètre; deux hommes peuvent en faire cent cinquante à cent soixante-dix par jour : la cage à rouir, destinée à les recevoir, est formée de quelques planches et doit être assez grande pour contenir cent cinquante bottes, c'est-à-dire le produit de trois cents verges carrées (42 ares) *.

On dresse les bottes dans la cage de façon à les presser autant que possible les unes contre les autres; mais, auparavant, on garnit avec de la paille l'intérieur des trois côtés fermés de l'appareil, afin d'empêcher l'introduction du sable, de la mousse ou d'autres corps étrangers que l'eau pourrait charrier. Lorsque la cage est remplie, comme le quatrième côté était resté ouvert pour faciliter la libre disposition des bottes, on le ferme au moyen de deux grandes lattes garnies de paille et assujetties par des liens; enfin la cage, ainsi établie, est couverte d'une couche de paille de l'épaisseur de la main, et on la laisse glisser sur deux poutres, comme un vaisseau qu'on lance à la mer; seulement, afin que l'appareil n'avance que jusqu'à l'endroit voulu, on en dirige le mouvement avec une corde. On le relie ensuite à deux poteaux plantés sur le bord, de manière à ce qu'il ne touche ni le fond du routoir ni la berge; car, dans ces deux cas, la macération ne serait pas égale. Pour empêcher la cage de dépasser le niveau de l'eau, on met sur elle quelques planches chargées de pierres, dont le poids aide l'immersion, jusqu'à ce que son plan supérieur soit à fleur d'eau; cela mérite surtout la plus grande attention : pour que cette mesure soit parfaitement

* Un dessin trouvé dans les papiers de Hinz donne les dimensions de cette cage, indiquée à la planche 1re, fig. 1.

remplie, un homme monte sur la cage et s'assure par là des points qui ont besoin d'être chargés. Le jour suivant, la cage n'est plus au niveau, elle s'est abaissée; pour la ramener à sa position normale, on enlève quelques pierres; les jours suivants, mêmes phénomènes et mêmes soins.

Plus le rouissage approche de son terme, plus il faut y apporter d'attention. Un jour de trop passé dans l'eau peut altérer gravement la filasse, et une trop grande négligence peut tout compromettre. On reconnait que la macération est achevée lorsque la filasse s'enlève sans efforts le long de la tige entière. La cassure vitreuse du bois, une couleur jaune blanchâtre et enfin un toucher doux sont encore des signes qu'il ne faut pas laisser passer inaperçus. Dès que le lin est roui, on le sort de l'eau. Pour cela, il faut six hommes : deux d'entre eux, armés de pioches à deux dents, enlèvent les bottes de la cage; ils les jettent à deux autres ouvriers placés à quelque distance : ceux-ci les font passer aux deux derniers, qui sont chargés de les dresser sur le bord de l'eau. On les laisse là, debout, pendant une demi-journée, pour qu'elles puissent s'égoutter complétement. Quand le lin est débarrassé de son excès d'eau, quatre hommes l'arrangent en petites meules coniques : deux chargent et transportent les bottes, sur une charrette à bras, à l'endroit convenu, qui ne peut être autre qu'un pâturage ou une prairie fauchée, et les posent droites à terre, en laissant un intervalle de cinq pas entre chacune d'elles ; le troisième dénoue les deux attaches inférieures, en laissant celle qui est au sommet, et partage la botte en deux parties, de manière à l'évaser par le bas ; le quatrième prend une poignée de lin, qu'il secoue fortement, afin de décoller les tiges, et en forme un chapeau dont il recouvre la botte ainsi dressée, ce qui lui donne la forme d'un cône obtus. Quatre ouvriers habiles et diligents peuvent arranger ainsi cent cinquante bottes ou une cage entière. Quand le lin est entièrement sec à l'extérieur, on défait complétement les bottes et on en rassemble deux pour former un nouveau cône; mais, comme les tiges ne tiennent plus par le haut, on les attache avec quelques brins pour que le vent ne les renverse pas. Le lin est ordinairement sec trois ou cinq jours après, et alors on en fait de grosses bottes; on le blanchit aussitôt ou on le mène en grange pour être blanchi l'année suivante.

Blanchiment du lin. — On entend, en Flandre, par blanchiment du lin, une espèce de rouissage complémentaire du rouissage à l'eau. On le pratique parce que la filasse en devient plus blanche, ce qui est très-recherché dans le commerce, et aussi parce que le lin achève sur le gazon son rouissage, qui n'est jamais très-complet dans l'eau. L'époque la plus favorable à cet effet est comprise entre la première quinzaine de février et le 15 mai ; c'est durant cette période que la filasse prend la plus belle couleur, bien que l'on puisse blanchir pendant tout le courant de l'été.

La durée du blanchiment dépend de l'atmosphère et de la qualité du lin : elle est de vingt à trente jours en février et en mars; mais elle diminue à mesure qu'on avance dans la belle saison. Dans les temps les plus chauds, huit ou dix jours suffisent; cette durée augmente dès que l'automne approche.

Plus on conserve le lin après le rouissage à l'eau sans le faire blanchir, plus sa filasse est belle en couleur; il est donc moins avantageux de le blanchir immédiatement après l'avoir mis en petites meules coniques, que de ne le soumettre au blanchiment qu'un hiver ou une année après.

Si, pendant le blanchiment, il survient une pluie, la filasse se détériore, prend une teinte noire et pourrit. Dans cette circonstance, on n'a d'autre ressource que de remettre promptement le lin en meules coniques, pour l'étendre de nouveau au retour du beau temps. Il faut aussi diriger les pointes des tiges contre le vent et les maintenir avec des perches pressées par quelques pierres; car, si on néglige cette précaution, il pourrait chasser et renverser tout l'étendage.

On choisit, pour blanchir, une prairie ou un pâturage. Une prairie convient mieux, parce que le pâturage renferme ordinairement beaucoup de vers qui attaquent le lin encore humide. Lorsqu'on étend les tiges, l'ouvrier en prend une poignée qu'il égalise en les posant sur le sol, et il les élargit par bandes aussi minces et aussi égales que possible, sans les presser contre terre. Trois hommes peuvent étaler, en un jour, une cage entière de lin contenant cent cinquante bottes. On calcule que les tiges, passées par le rouissage et le blanchiment, perdent les trois dixièmes de leur poids. Pendant que le lin blanchit, on le retourne tous les trois ou quatre jours, ou bien seulement tous les six ou huit jours. Toutefois cette opération doit se répéter plus fréquemment s'il fait bien chaud, s'il tombe de la pluie ou si le sol produit des vers ; quand ces cas-là se présentent, il est nécessaire de retourner au moins tous les jours. On se sert, pour cela, de grandes perches plates, longues de 15 à 16 pieds (4^{m},695 à 5^{m},008), que l'on glisse en travers sous les pointes du lin, aussi avant que possible ; on relève ces perches horizontalement et on les retourne, avec leur charge, en leur faisant décrire un demi-cercle dont le centre reste aux pieds des tiges. Si le vent est violent, cette pratique ne peut avoir lieu ; bien au contraire, il faut se garder de toucher le lin, de peur qu'il ne soit emporté. Un ouvrier peut retourner, en une demi-journée, une cage entière de lin.

Le lin est suffisamment blanchi,

1° Lorsque quelques filaments se séparent d'eux-mêmes du milieu de la tige, tout en restant adhérents aux deux extrémités : la filasse se rétrécit légèrement, diminue de longueur et fait courber la tige comme une corde ferait courber un arc;

2° Dès que la filasse prend une belle couleur blanche;

3° Quand, çà et là, se montrent sur les tiges quelques points noirâtres : lorsque ce dernier signe se manifeste, il faut enlever promptement le lin; car la filasse prendrait de suite une teinte sombre et deviendrait mauvaise.

Le lin, après avoir été étendu, est de nouveau mis en meules coniques : quelques heures suffisent pour achever la dessiccation; on le lie alors et on le rentre en grange.

Ravensberg. — Le lin arraché de bonne heure reste pendant onze jours sous l'eau; le lin porte-graine, après avoir été drégé, y demeure quatorze ou seize jours. Ici, comme ailleurs, on ne néglige pas les indications atmosphériques et on recherche les routoirs en plein soleil. Le lin retiré de l'eau est étendu sur une prairie; huit jours après on le retourne, et au bout de quinze jours on l'enlève. Les signes d'un rouissage suffisant sont les mêmes que ceux indiqués plus haut.

L'époque du rouissage tombe entre le mois de mai et le mois de septembre : il a lieu surtout en juillet et en août. L'eau courante, dirigée dans les routoirs, donne de la blancheur au tissu; les eaux minérales, froides et troubles, la lui enlèvent, au contraire. Les bottes destinées à être rouies sont formées d'une bonne poignée de lin, que l'on dispose obliquement et que l'on couvre de planches et de pierres pour les maintenir au fond ; après quoi, on laisse venir les eaux. Enfin on retire le lin, on le dresse immédiatement et on le laisse vingt-quatre heures, temps ordinairement suffisant pour qu'il puisse se débarrasser de son excès d'humidité ; ensuite on l'étend.

Schwerz fait peu d'observations sur les avantages respectifs des deux manières de rouir. M. Pabst se souvient cependant que, avant d'avoir envoyé ses élèves dans les Pays-Bas et d'avoir fait ses nombreuses expériences sur le rouissage à l'eau, à Hohenheim, Schwerz aimait mieux le rouissage à la rosée. Il pensait que cette méthode fournissait une plus belle toile ; plus tard, il reconnut que le rouissage à l'eau était préférable, et il le recommanda partout où les circonstances pourraient le permettre.

§ 14. *Manipulations subséquentes.*

Remarque de M. Pabst. — Les matériaux que l'auteur nous a laissés sur cet important sujet étaient très-nombreux, mais n'étaient nullement coordonnés ; plusieurs d'entre eux même étaient incomplets : sans doute que Schwerz les eût achevés s'il en eût eu le temps.

Pour finir cet article, nous aurons encore à nous

occuper des manipulations que l'on fait subir à la filasse proprement dite; ce sont :

a. La torréfaction.
b. Le maillage.
c. Le foulage.
d. Le macquage.
e. L'écangage.
f. Le teillage.
g. Et l'affinage ou peignage.

a. Torréfaction.—Pour pouvoir détacher la filasse plus facilement et rendre la partie ligneuse de la tige plus cassante, on soumet le lin à une dessiccation artificielle. S'il s'agit d'une petite quantité, on peut la faire dessécher dans un four; mais il faut s'y prendre d'une manière différente pour de fortes quantités. A cet effet, on creuse une fosse en terre et on en revêt les parois en maçonnerie ; cette fosse, qui sert de foyer, doit avoir 5 à 6 pieds (1^m,565 à 1^m,878) de long sur 2 à 3 pieds (626 à 239 mill.) de large; au-dessus et en travers, on dispose des barres de fer distantes de 2 pouces (54 millim.) les unes des autres *, et, au fond, on allume un grand feu; dès que ce feu est réduit à l'état de charbons incandescents, on met le lin sur le grillage pour le torréfier : ces fourneaux doivent tou-

* La meilleure forme pour ces fosses est celle d'un tronc de pyramide renversé, c'est-à-dire étroites du fond et évasées par le haut. Plusieurs localités possèdent, pour le commun, des hangars à torréfier. (*Note de M. Pabst.*)

jours être loin de toute habitation, de crainte d'incendie. La torréfaction dans un four a aussi quelques dangers; car un seul charbon enflammé qui y serait oublié brûlerait toute la masse renfermée. Si, dans ce cas, un commencement d'incendie se déclarait, il faudrait se garder de vouloir l'éteindre autrement qu'en fermant hermétiquement l'ouverture du four. En été, la dessiccation artificielle est inutile; la chaleur ardente du soleil remplit le même objet *.

b. Maillage. — Le maillage (*botten*) précède, dans certaines localités de l'Allemagne, dans la Hesse par exemple, le macquage du lin (*brechen* ou *braaken*); en Belgique, il le supplée entièrement.

On se sert, pour cette opération, du maillet tel qu'il est représenté pl. 1re, fig. 2e. Ce maillet, fait en bois, a 10 pouces (260 millim.) de long sur 5 pouces (130 millim.) de large; son manche a une longueur de 2 pieds 9 pouces (860 millim.). Le travailleur pose sur une aire de grange la moitié d'une botte ou une botte entière de tiges, qu'il éga-

* Le lin séché au soleil est préférable, parce que sa filasse est plus fine et plus solide que celle du lin torréfié. C'est pourquoi il faut être prudent lorsqu'on dessèche au four, afin de ne pas élever la température au-dessus du degré nécessaire.

En Flandre, on n'emploie pas le feu à la dessiccation du lin destiné au maillage. On évite seulement autant que possible l'humidité et on profite avec soin de tous les instants de soleil.

(*Note de M. Pabst.*)

lise avec les mains de façon que les racines soient parfaitement jointes et ne se dépassent pas les unes les autres; la couche ne doit pas avoir plus de 3 pouces (78 millim.) ni moins de 2 (52 millim.) d'épaisseur; car on conçoit que le maillet, qui est cannelé, resterait sans action sur une couche épaisse et en aurait trop sur une mince, surtout si l'on songe aux inégalités inévitables du sol. L'ouvrier pose le pied en travers sur les tiges, et de son maillet frappe les racines en suivant la couche tout du long; il revient en frappant le milieu et retourne de nouveau en frappant les sommets. Après cela, il réunit les tiges par leurs pointes, appuie les racines par terre pour les égaliser, les retourne et recommence à frapper le côté qui n'a pas été maillé. Quand il a fini, il rassemble les tiges en gerbes qui restent couchées, et, mettant les deux pieds dessus pour les maintenir, il tord avec les mains celles dont les extrémités dépassent, pour les arranger régulièrement. Tout ce qui a été ainsi maillé est appuyé contre la muraille et laissé dans cet état jusqu'à la manipulation, qui doit suivre.

Dans les contrées les plus avancées de la Flandre, sur les bords de la Lys par exemple, on ne maille pas plus de tiges à la fois qu'il n'en faut pour trois poignées de lin à écanguer. La raison en est que le lin qui n'est pas immédiatement travaillé après le maillage attire aisément l'humidité, dont il est avide, ce qui le rend moins résistant à l'action de l'écang.

D'ailleurs, la filasse s'embrouille presque toujours quand on en a trop préparé : ainsi donc on maille et on écangue dans le même endroit, afin que le même ouvrier puisse suffire lui seul à ces deux travaux, sans se déranger.

c. Foulage. — *Ravensberg.* — Le foulage consiste à écraser les parties ligneuses de la tige et sert à préparer l'opération du macquage ; il est surtout usité dans la Westphalie. On emploie, dans ce pays-là, un marteau ou moulin à briser. Le moulin est pourvu de quatre ou six foulons, en bois de hêtre, mus par un arbre. Des femmes assises devant ces foulons secouent et retournent les tiges, afin que les chènevottes tombent et que la filasse, en se collant, ne ressue ni ne s'échauffe. Les moulins sont un objet de spéculation, et leurs propriétaires les louent à raison de trois gg^{r} par heure.

Le foulage au marteau se fait sur un billot de bois aplati et produit individuellement le même effet que les foulons. La fig. 1re de la pl. 2e représente deux de ces marteaux, et la fig. 2e de la même planche, le billot.

d. Macquage. — *Observations de M. Pabst.* — On n'ignore pas que les procédés en usage pour briser la partie ligneuse du lin et la séparer grossièrement de la filasse sont très-divers; il est donc important de choisir celui qui donne le moins de perte et le moins de travail. Schwerz fournit, à ce sujet, quelques renseignements sur une opération de ce genre qu'on appelle macquage.

Le lin, avant d'être macqué, doit être exposé au soleil ou à la chaleur d'un grand feu, pour être parfaitement sec *. On se sert, pour le premier macquage, de la macque ordinaire, et, pour le second, d'une espèce de lame de couteau, en fer, émoussée (*riefen*). On prétend que cette dernière a l'avantage d'activer l'opération, mais qu'elle attaque un peu trop la filasse. On commence par le pied de la tige et on continue ainsi jusqu'au sommet, en étendant peu à peu sur la macque la poignée que l'on travaille ; ensuite on saisit les racines, et en les tirant à soi on achève de macquer les pointes des tiges.

Le macquage au moyen des instruments divers dont on se sert en Allemagne, dit M. Pabst, attaque le lin d'autant plus, et par là détruit une quantité de bonne filasse d'autant plus grande, que la macque est plus lourde et qu'elle a une lame plus affinée; le dommage est encore augmenté si le travail se fait sans attention. C'est pour ce motif que les Flamands ne se servent pas de ces instruments**, et qu'on fait

* Cette condition a dû être remplie par la torréfaction dont parle l'article 2. (*Note du traducteur.*)

** Le maillage, le foulage et le macquage sont trois opérations qui, ainsi qu'on a pu le voir, ont le même but ; toutes trois, en effet, ont pour résultat de briser la partie ligneuse de la tige et de commencer à la séparer en gros de la filasse. Dans la plupart des cas, une seule de ces opérations suffit à préparer le lin pour être écangué. Cependant il existe des localités, comme en Westphalie, où l'on foule et où l'on macque le lin à la fois. Il est présumable précéder à leur emploi, dans certaines localités de l'Allemagne, le maillage ou le foulage. Enfin on a inventé plusieurs machines dont le travail est plus parfait et qui donnent moins de déchet.

Parmi ces diverses machines, il faut distinguer celle de M. Kuthe de Egeln, dans l'Altmarkt. C'est une simple machine à main, qui expédie beaucoup d'ouvrage et qui, par cela même, est devenue très-répandue : on l'a figurée à la pl. 3e, en perspective, vue de côté et vue de face. Cette machine, presque entièrement en bois, ne coûte que 12 rixd. (44 fr. 40) et s'emploie de la manière suivante :

On étale, sur la table alimentaire A, les tiges de lin, séchées au soleil ou artificiellement, en couches minces et uniformes. La manivelle, en tournant, met en mouvement trois cylindres cannelés, qui entraînent le lin, le font reculer et avancer, et l'amènent ainsi, insensiblement, sur la table d'écoulement B, située au côté opposé ; les tiges y arrivent entièrement broyées et sont enlevées dans cet état. Deux personnes suffisent au service de cette machine. Non-seulement le travail va deux fois plus vite qu'avec deux macques à main, mais encore, ce qui est infiniment plus important, la filasse est beaucoup plus épargnée, et on évite de faire tomber

qu'alors l'action individuelle de ces deux manipulations faites l'une après l'autre détache plus parfaitement la filasse de la partie ligneuse que si, pour cela, on se bornait à fouler ou à macquer seulement. (*Note du traducteur.*)

dans le déchet la plus grande partie des sommités, ce qui arrive lorsqu'on le traite avec la macque à main. Aujourd'hui cette machine est en usage en Westphalie *, dans la Hesse, la Saxe, la Poméranie et autres pays.

e. Écangage. — M. Troch, de la Silésie, donne sur l'écangage les détails suivants :

Après avoir macqué le lin, on se prépare à l'écanguer. L'écang se compose de deux feuilles en bois, à arêtes vives, et emmanchées. Pour se servir de cet instrument, il faut d'abord passer la filasse à un peigne en bois à dents grossières, pour la débarrasser de toutes les parties ligneuses qu'elle pourrait encore contenir, et la rendre plus unie et plus lisse. Le lin ainsi préparé donne moins d'étoupes à l'affinage, et la perte, selon M. Troch, est d'un quart plus petite que lorsqu'on écangue et affine à la méthode ordinaire.

Flandre. — Comme on ne fait ici que mailler le lin et qu'on ne le macque pas, l'écangage en devient plus important ; car, en maillant, on ne se débarrasse pss aussi bien des chènevottes et on divise moins le lin qu'en le macquant. L'appareil à écan-

* Selon M. Pabst, le lin est macqué à la machine en Westphalie. Il vient de dire que les tiges séchées au soleil ou au feu sont immédiatement soumises à cette opération. Mais, à l'art. *c*, ces mêmes tiges sont, d'après Schwerz, écrasées au foulage. Ces deux opérations, qui ont le même objet, n'en impliquent pas moins une contradiction apparente. Serait-ce que ces deux procédés sont en usage dans des localités différentes du même pays? (*Note du traducteur.*)

guer, employé en Flandre (pl. 2e, fig. 3e), est ainsi construit : une planche haute de 3 pieds 9 pouces (1m,173) et large de 13 pouces (339 mill.) est fixée perpendiculairement dans un fort madrier ; elle a, aux trois quarts de sa hauteur, une entaille de 8 pouces (208 millim.) de profondeur et de 2 pouces et demi (67 millim.) de haut, dans laquelle passe la filasse.

Sur le madrier et à ses deux extrémités sont placés deux bâtons de 1 pied et demi (469 millim.), dont les bouts sont reliés par une courroie ; cette courroie, par son élasticité, fait rebondir l'écang lorsqu'il est en jeu et facilite ainsi le travail en l'activant.

Pour que cet appareil fonctionne bien, 1° il faut qu'il soit solidement établi : à cet effet, on charge le madrier de pierres, moyen le plus simple de le fixer sur l'aire. 2° Sa position ne doit pas être parfaitement verticale, mais un peu penchée vers la gauche du travailleur, afin que, la partie droite étant un peu relevée, il puisse être plus à portée d'écanguer les pointes de la filasse, sans les briser. 3° Il faut aussi que l'appareil soit légèrement penché d'arrière en avant, de telle sorte que, en tirant une perpendiculaire de son sommet, l'angle extérieur de l'entaille dans laquelle repose le lin soit à peu près à la distance de 3 centimètres de cette perpendiculaire : cette position inclinée facilite le retournement et la division de la filasse.

On travaille avec deux écangs ou couteaux à écanguer, dont l'un, plus émoussé, sert à écanguer grossièrement, et le second, relativement plus tranchant, fait un ouvrage plus fin et plus achevé. L'écang, représenté à la pl. 2e, fig. 4e, est pourvu d'une espèce d'aile dirigée en haut ; cette aile maintient l'instrument dans la direction qu'on lui a imprimée. Il est formé d'une feuille de bois de hêtre, épaisse de 1 ligne et demie (3 millim.) et s'amincissant vers le coupant. L'écang, avec son manche retenu par des chevilles ou simplement collé, ne doit pas peser plus de 1 livre et quart (57 décag.). La fig. 5e de la pl. 2e représente la manipulation de l'écangage.

Il faut une certaine habileté pour faire agir convenablement l'écang. Il est difficile de décrire la manière dont il faut s'y prendre ; le plus sûr est de s'exercer soi-même. Voici cependant quelques règles générales à observer :

1° Le coup de l'écang ne doit pas être donné tout à fait verticalement, mais dans un sens tant soit peu oblique; sans cela, les pointes seraient plus écanguées que les parties moyennes et risqueraient ainsi d'être coupées.

2° Il faut manier le lin de la main gauche, de façon qu'à chaque coup il se présente une nouvelle partie de filasse et que celle qui vient d'être frappée pende en dehors de la planche : l'ouvrier ne peut donc jamais être inactif du bras gauche.

3° Il est nécessaire que la main droite sépare l'étoupe qui se produit pendant l'écangage, afin qu'elle ne s'embrouille pas avec la filasse.

4° L'ouvrier doit tenir la poignée de manière à ce qu'aucun filament ne dépasse la masse.

On reconnaît un bon écangueur à sa façon de manier le couteau : il ne doit pas le tenir avec roideur, et son bras doit conserver du ressort en frappant; la main gauche est toujours en mouvement et secoue légèrement le lin pour le faire avancer et l'étendre; enfin il ne faut pas que le lin reste en place, que les coups se ralentissent ni que la filasse s'embrouille.

Ajoutons que l'écangueur, après avoir grossièrement préparé deux poignées de lin, les rassemble pour les repasser avec l'écang qui est le plus affilé; il se sert alors d'une sorte de couteau formé d'un fer de hallebarde émoussé et s'applique, en démêlant et en raclant le lin, à le nettoyer le mieux possible. Lorsque tout est bien disposé et que la filasse est longue, on peut en écanguer 24 livres (10 kil. 04) par jour; mais, dans le cas contraire, il n'est pas possible d'en travailler plus de 4 livres (1 kil. 84). Un bon écangueur fournit, en moyenne, 14 à 15 livres (6 kil. 44 à 6 kil. 90) en un jour. Le travail se paye, à forfait, 5 centimes par livre (0 kil. 46), plus la nourriture; ce prix est invariable, que la filasse s'écangue aisément ou non. Il y a, en Flandre, beaucoup d'écangueurs de profession, ce qui assure la bonne exécution de ce travail. Wevelghen, qui n'est qu'un simple village, a six cents habitants uniquement occupés à écanguer chez les marchands de lin ; plusieurs de ces derniers occupent jusqu'à vingt-cinq ouvriers.

Il y a toujours un peu de déchet à l'écangage : ce déchet se vend encore un slbg. (12 centimes) la livre (0 kil. 46), et les gens peu aisés en tirent une filasse de qualité inférieure, mêlée d'étoupes.

Le Ravensberg est peut-être la seule contrée où l'écangage ne soit pas usité. On croit que, quelque soin qu'on apporte à ce travail, il se mêle toujours une grande quantité de bonne filasse au déchet, et qu'ainsi il en résulte beaucoup de perte.

Note de M. Pabst. — Il faut avoir assisté au travail qu'exécutent les écangueurs flamands, après toutefois le maillage du lin, pour se rendre compte de ses avantages immenses sur notre macquage à la main, suivi, dans beaucoup de cantons de l'Allemagne, d'une espèce d'écangage avec un couteau de tôle.

Depuis quelque temps, on se sert de machines à écanguer qui, au moyen d'un arbre muni d'une manivelle, font mouvoir quatre couteaux de bois qui viennent frapper obliquement la filasse sur des planches verticales à côté desquelles se place chaque ouvrier.

f. Teillage. — Dans le Ravensberg, le teillage remplace l'écangage. On teille avec une espèce de racloire émoussée à poignée de bois (pl. 2e, fig. 6e). Le lin, pris à pleine main, est appuyé et fortement frotté sur une peau (pl. 2e, fig. 7e), suspendue au cou et reposant sur l'estomac de l'ouvrier. On prétend que la filasse ainsi préparée est infiniment plus fine et plus égale que celle qu'on obtient par l'écangage, quoique ce travail soit beaucoup plus long. L'étoupe qui tombe au premier teillage est employée à faire de la toile d'emballage ; celle obtenue par le second teillage est tissée en toile de sac.

Dans le Munster, on remplace la racloire par une forte brosse : ce procédé fait tous les jours de nombreux partisans.

g. Affinage ou *peignage.* — Schwerz, dans ses manuscrits, ne dit rien de l'affinage. M. Pabst, qui a été témoin, pendant de longues années, des essais persévérants et suivis de l'auteur dans la préparation de la filasse, et qui s'est entretenu avec lui à ce sujet auprès de l'établi à affiner, se rappelle parfaitement combien ce respectable vétéran de l'agriculture s'inquiétait de voir cette opération produire autant de déchets. Schwerz a cherché à détruire cet inconvénient, en substituant aux dents ordinaires du peigne, qui étaient rondes et peu distantes les unes des autres, des dents minces, longues, anguleuses et pointues.

D'après d'autres notes, on trouve l'indication du procédé tel qu'il se pratique dans le Ravensberg. L'affinoir de ce pays est rond et a en moyenne 5 pouces et demi (143 millim.) de diamètre. Il en existe de deux espèces : la première est pourvue de neuf cercles de dents concentriques; ces dents sont à 3 lignes (6 millim.) les unes des autres et ont 1 pouce et demi (39 millim.) de longueur. La seconde se compose de quatorze cercles de dents de 1 pouce (26 millim.) de hauteur et espacées seulement de 2 lignes (4 millim.). L'ouvrier contient, entro ses pieds et sa poitrine, la planche sur laquelle est fixé l'affinoir; de la main droite, il prend le paquet de filasse et, en l'appuyant de la main gauche, il en peigne les pointes; après cela, il prend ces pointes et les enroule, jusqu'à un tiers de la longueur, aux trois derniers doigts de sa main droite, et il peigne doucement la filasse, de manière à ce que les dents ne paraissent pas; il en fait autant en prenant les extrémités du côté des racines; ensuite il met le paquet sur ses genoux, l'ouvre, le retourne et le reforme de manière à ce que les fibres intérieures se trouvent à l'extérieur, et il affine de nouveau. Tout ce travail s'opère à l'affinoir grossier; la même opération se répète à l'affinoir fin : le déchet en étoupe que donne ce dernier est employé à tisser de la bonne toile moyenne. L'étoupe provenant du premier peignage sert à confectionner des toiles de sac. La filasse, pour être affinée, doit être complétement sèche; quelques-uns, pour la rendre plus douce, l'arrosent avec un peu d'huile et la mettent dans un tonneau pour qu'elle s'en imbibe mieux.

Extrait des notes de Hinz. — Dans le pays de Courtrai, il y a toujours, à côté de l'écang, un peigne commun (pl. 1re, fig. 3e) servant à démêler la filasse en même temps que se fait l'écangage. Dans les environs de Werwick on n'emploie pas l'affinoir, on y supplée par les doigts.

On fait usage, en Flandre, de quatre espèces d'affinoir, suivant que la filasse est destinée à être convertie en fils ou en tissus. Le premier, pour la filasse quelle qu'elle soit, a quatre cents dents; le deuxième, dix-huit cents; le troisième, deux mille quatre cents; et le plus fin (fig. 6e, pl. 1re) en a trois mille six cents. Les dents sont fixées en lignes parallèles sur un même plan : on les fait en cuivre ou en fil de fer aciéré, très-flexible et très-pointu. Généralement, on préfère les dents d'acier parce qu'elles sont plus fortes.

On divise une livre (0 kil. 46) de filasse écanguée en seize parties, que l'on met les unes sur les autres, en les croisant, afin d'éviter de les mêler, sur une chaise basse à côté des affinoirs, et on les passe successivement à l'affinoir grossier et à l'affinoir fin. Lorsque l'opération est faite, on rassemble les paquets trois par trois et on en fait des tortis qu'on appelle *flottes;* enfin on ramasse les étoupes tombées aux deux peignages et on les tord séparément. La livre d'étoupe fine, qui peut servir à faire d'assez belle toile, se vend 2 slbg. 1/2 (9 kr.) ou 45 centimes; la grosse étoupe se paye 6 à 7 pf. (2 kr.) ou 10 centimes.

Le degré d'affinage dépend de la destination de la filasse. Pour la toile fine, comptant de quatre mille à quatre mille huit cents fils pour 6/4 d'aune (1^{m},0388) de largeur, on peigne la filasse jusqu'à ce qu'on l'ait réduite de 3 1/4 à 1 1/4 (3,25 à 1,25); il reste alors 5/13 (0,308) de matière à filer. Pour la toile de trois à quatre mille fils, on réduit de 3 1/4 à 2 (3,25 à 2), et il reste 8/13 (0,615). Un homme peut affiner de 12 à 14 livres (5 kil. 52 à 6 kil. 48) de filasse par jour.

Dans le Wurtemberg, on emploie en partie de très-mauvais affinoirs à dents courtes et émoussées. A Fildern, il en existe un qui vaut mieux; c'est un appareil composé de trois peignes de finesse graduée, fixés sur une même planche (pl. 1re, fig. 4e). A Nagold, les affinoirs sont encore meilleurs, parce que leurs dents en acier sont quadrangulaires.

Notes prises après diverses expériences faites à Hohenheim. — *a.* Si l'on vise à obtenir les plus fins tissus, il faut faire passer la filasse de bonne qualité par les préparations suivantes : on doit

1° Affiner en gros;

2° Battre;

3° Nettoyer à l'affinage;

4° Racler;

5° Peigner fibre par fibre;

6° Brosser à la main;

7° Repasser doucement au peigne.

b. Après plusieurs essais d'affinage, seize parties

en poids de bonne filasse écanguée ont donné, au premier affinage, neuf parties de filasse et sept parties d'étoupes ; seize parties en poids de filasse traitée à l'affinage fin ont donné huit parties de filasse et huit parties d'étoupes : on avait donc obtenu 5/16 (0,31) de filasse fine, 7/16 (0,43) d'étoupes grossières et 4/16 (0,25) d'étoupes fines. Une autre variété de lin, ayant déjà été affinée, a donné, sur seize parties, douze parties de filasse et quatre parties d'étoupes.

§ 15. *Produits.*

Le produit de la culture du lin ne peut être estimé avec certitude à cause de la diversité des expositions et des sols, des systèmes de culture, de l'irrégularité des temps et des préparations variées qu'on lui fait subir pour donner de la valeur à la filasse.

*Notes de **Hinz** et de **Riethmeyer**.* — Dans les contrées linières de la Flandre, sur les deux rives de la Lys, dans les environs de Courtrai, on cultive principalement le lin comme nous l'avons déjà fait remarquer. L'étendue consacrée à cette culture peut avoir à peu près 3 milles et demi (26 kilom. 6667) de longueur sur 1 mille (8 kilom.) de largeur ; les lignes suivantes se rapportent plutôt, cependant, à la Flandre occidentale.

Le lin, dans ces contrées, est accaparé par des marchands du pays. Le bourg seul de Wevelghen compte environ cent trente marchands de lin. Ils achètent le lin sur place et le font cueillir, rouir et écanguer à leurs frais par des ouvriers dont le plus grand nombre habite Wervick et Laue. Le lin est en grande partie écangué et peigné, et est vendu aux marchands en gros, aux fabricants de tissus ou à de simples tisserands. Ces derniers achètent surtout les diverses sortes d'étoupes ; souvent aussi les fermiers font écanguer et affiner eux-mêmes. Hinz raconte qu'il a trouvé à Bissighem, près de Courtrai, un fermier qui occupait deux écangueurs ; à Ghelves, il en a rencontré cinq chez un autre fermier.

Il ressort de ce qui précède qu'on peut savoir plus facilement en Flandre que partout ailleurs ce que rapporte 1 morgen (25 ares 50 cent.) de lin quand ce lin est vendu à l'état brut aussi bien que lorsqu'il est livré en filasse écanguée.

Plusieurs notes sur la production linière de la Flandre nous apprennent que le produit moyen, en tiges de lin brutes et sèches, est environ de 2,200 livres (1,012 kilog.), ou de vingt quintaux par morgen prussien (25 ares 50 cent.). Le rouissage et le blanchiment enlèvent environ 30 pour 100 du poids ; les autres manipulations font perdre encore à peu près 50 pour 100, de sorte qu'il ne reste, approximativement, que 20 pour 100 de filasse écanguée ou 440 livres (202 kilog. 40) par morgen (25 ares 50 cent.). D'après d'autres données, le produit brut en tiges de lin pourrait s'élever à 2,600 livres (1,196 kilog.), mais être réduit à 17 pour 100, ou

442 livres (203 kilog. 32) de filasse écanguée *.

Quant à la partie commerciale de cette branche d'industrie, elle est traitée avec la plus grande prudence et la plus grande attention. Les marchands parcourent le pays dans toutes ses directions, examinent quelques tiges de lin tirées au hasard et s'informent de la fumure donnée, de la récolte qui a précédé, de l'époque de la semaille, etc.

Les rendements suivants en argent, calculés par morg. prussien (25 ares 50 cent.), nous donnent les valeurs moyennes de la récolte sur cette superficie.

1. Filasse de qualité ordinaire. 50 à 55 rixd. (185 f. à 203 f. 50).
2. Filasse très-fine et très-belle.... 81 d° (299 f. 70).
3. Filasse de bonne qualité........ 70 d° (259 f.).
4. Filasse ayant souffert de la dessicc. 41 d° (151 f. 70).
5. Filasse de qualité moyenne..... 61 d° (225 f. 70).
6. Moyenne de toutes ces sommes.. 61 d° (225 f. 70).

La valeur du lin écangué était, pendant le séjour de Hinz en Flandre, de 6 slbg. (73 centimes) la livre (46 décag.); la bonne qualité se payait 8 slbg. (98 centimes), et la qualité superfine 10 slbg. et demi (1 fr. 29). Un produit de 440 livres (207 kilog.) de lin écangué par morg. (25 ares 50 cent.) donnerait donc un rendement de 88 rixd. (325 fr. 60), et ce rendement serait porté à 117 rixd. (432 fr. 90) et 10 slbg. (1 fr. 23), en supposant la livre (les 46 dé-

* Une série d'expériences faites à Hohenheim, sous les yeux de Schwerz, portent le produit final de la filasse écanguée de 16 1/4 à 20 pour 100 du lin brut. (*Note de M. Pabst.*)

cag.) vendue 8 slbg. (98 centimes); il faut cependant admettre que, lorsqu'il s'agit de filasse très-fine, on n'atteint jamais le chiffre de 440 livres (202 kilog. 40) de lin écangué. Plus loin, Hinz dit encore que les frais de manipulation du lin, depuis la récolte jusqu'à l'écangage inclusivement, se montent, en moyenne, à 22 rixd. (81 fr. 40) par morg. prussien (25 ares 50 cent.). Si l'on adopte le prix de 61 rixd. (225 fr. 70) comme le prix d'achat moyen, ces deux chiffres donneraient une somme totale de 83 rixd. (307 fr. 10), ce qui ne laisserait au marchand de lin qu'un bénéfice de 5 rixd. (18 fr. 50) dont il ne se contenterait pas, attendu que le chiffre des frais à supporter détermine ordinairement celui des bénéfices.

Ravensberg. 1 scheffel un tiers (732 décilit.) de graines de lin tonnelé semé par morg. (25 ares 50 cent.) donne un produit en lin brut qui doit être au moins de 53 rixd. (196 fr. 10); lorsque ce prix descend à 40 rixd. (148 fr.), il y a perte à cultiver le lin.

Produit en graines. — Les matériaux laissés par Schwerz ne donnent aucune indication précise sur le rendement en graines; seulement les notes prises en Flandre nous font connaître que la valeur de la graine de lin y est regardée comme tout à fait secondaire, et que quand il y a production de graines, ce qui n'arrive pas ordinairement, on la considère comme un avantage imprévu. Pour compléter ce qui vient d'être dit, M. Pabst ajoute que, dans les localités où le tissage est le but principal de la culture et où, par conséquent, on ne s'occupe nullement du produit en graines, on en récolte cependant, le plus souvent, de 3 à 4 scheffels (1 hectol. 647 à 2 hectol. 196), et, au plus, 5 (2 hectol. 745) par morg. (25 ares 50 cent.); si le lin est clair, ce qui favorise beaucoup la production de la graine, on peut, quand sa récolte réussit, retirer de 6 à 9 scheffels prussiens (3 hectol. 294 à 4 hectol. 941) par morg. (25 ares 50 cent.).

Commerce des toiles en Belgique. — Hinz donne sur le commerce de la toile de lin à Courtrai les détails que voici : tous les lundis, cette ville a un marché qui vend, chaque fois, six cents à mille pièces de toiles aux acheteurs du pays ou à des acheteurs français et anglais; on y voit un grand dépôt dont les deux côtés sont remplis d'acheteurs; la toile apportée par les tisserands, par les fermiers et les marchands leur est présentée sur des tables placées dans l'embrasure des fenêtres, où ils peuvent l'examiner. Le 10 janvier 1826, Hinz a visité ce marché; les prix pour la toile inférieure étaient de 10 à 11 slbg. (1 fr. 23 à 1 fr. 35) par aune (0^{m},6992) de Brabant, pour la toile ordinaire de 20 à 21 slbg. (2 fr. 46 à 2 fr. 58), et, pour la très-belle toile, de 26 à 28 slbg. (3 fr. 20 à 3 fr. 45). Une chambre particulière contient les mesures légales; là toutes les marchandises sont mesurées et estampillées.

Chaque année, on distribue des prix, tels que montres, argenterie, etc., à ceux qui ont apporté sur le marché la plus grande quantité de belle toile pendant l'année entière : ce jour-là, le prix fut décerné à un marchand qui, l'année précédente, avait présenté au marché neuf cent quatre-vingt-sept pièces de toile.

Schwerz, dans une de ses notes, fait remarquer l'importance d'une institution qui existe à Bielefeld, où chaque tisserand, avant de vendre sa toile, est obligé de la faire examiner et de faire constater son aunage ; on la titre suivant sa qualité, et quand elle n'a pas la longueur et la largeur voulues par la loi, qui sont de 60 aunes (41^{m},9520) de long et de 1 aune et demie (1^{m},0388) de large, on ajoute au titre un signe indicateur.

CHAPITRE II.

CULTURE DU CHANVRE.

§ 1er. *Avant-propos.*

Quand la récolte brute peut être facilement convertie en argent et qu'il est possible d'éviter les manipulations ultérieures, il n'est pas de culture plus profitable pour une vigoureuse exploitation que celle du chanvre.

§ 2. *Climat et exposition.*

Nous avons vu que le lin réussissait parfaitement dans les expositions élevées et même un peu froides; il en est tout le contraire du chanvre ; celui-ci affectionne principalement les expositions chaudes, les vallées et les bas-fonds.

§ 3. *Sol et place dans la rotation.*

Il faut choisir pour le chanvre un bon terrain, doux et productif; une glaise molle et grenue, un sable gras et humide ou une argile sablonneuse lui conviennent particulièrement. Comme il aime l'humidité, il ne faut pas le semer dans un sable sec ; mais, en revanche, il ne trompe jamais les espérances du cultivateur qui sait lui choisir les terrains bien abrités, les anciens étangs et même les marais desséchés. Le chanvre paye, au plus haut prix, la rente de la meilleure terre *.

Il vient parfaitement sur un rompu, sur trèfle et sur pomme de terre. Peu de plantes se craignent moins que le chanvre; aussi, dans plusieurs con-

* M. Crud prétend, cependant, que, si le terrain est excessivement gras, souvent il s'introduit, dans les tiges du chanvre, des vers qui en détruisent ou du moins en endommagent une grande partie, en faisant rompre les plantes au milieu de leur végétation.
(*Note du traducteur.*)

trées, il existe des chènevières à sol profond, noir et humide, le plus souvent situées sur le bord de quelques ruisseaux, qui produisent le chanvre toutes les années. A Oberacker, localité du grand-duché de Bade renommée par ses chanvres, et dans plusieurs cantons du Wurtemberg, on le place, le plus communément, dans la jachère de l'assolement triennal *; quelquefois on le cultive sans interruption la deuxième et la troisième année de la même rotation. Le sol de ces localités est bas, sans, pour cela, souffrir de l'eau, et peut être considéré comme un bon sol moyen modérément humide.

§ 4. *Fumure.*

De tous les engrais, les plus convenables pour le chanvre sont le fumier de cheval et, après lui, le fumier de mouton ; ces engrais ont la propriété de développer rapidement sa croissance et de le faire parvenir à une grande hauteur. On a remarqué que le fumier des bêtes à cornes produisait un chanvre

* Il est évident qu'alors le chanvre précède le froment, lequel, du reste, réussit admirablement après lui, moyennant trois ou quatre voitures de fumier par arpent, selon Van Aelbroeck ; mais Crud est d'une opinion tout opposée ; il l'exprime en ces mots : « Gardons-nous de croire que le chanvre ait une influence avantageuse sur le froment qui lui succède ; il est, au contraire, assez « épuisant pour que chaque quantité de 100 kilog. de filasse absorbe les sucs d'environ 1,500 kilog. de bon fumier ordinaire, « ou de l'équivalent en engrais d'autre genre. » (*Note du trad.*)

fort en tige, mais beaucoup moins haut; cependant il n'est pas rare de le voir atteindre 7 à 8 pieds (2m,191 à 2m,504) d'élévation lorsqu'on y ajoute des matières réchauffantes, telles, par exemple, que les matières fécales; ainsi la proportion de six charges de fumier de vache mélangées à deux charges de matières fécales produit un excellent effet. L'emploi exclusif d'engrais puissants ne doit pas être recommandé, parce que d'abord ils sont toujours d'un prix élevé, et qu'ensuite leur grande fermentation, en les décomposant rapidement, ne leur accorde qu'une influence très-passagère. La quantité d'engrais qu'exige le chanvre est fort considérable; il lui faut de dix à douze voitures à quatre chevaux de fumier ordinaire par morg. (25 ares 50 cent.). Cet engrais ne doit pas être enterré tout entier à la fois au moment de la semaille, car on regarde comme une bonne condition de réussite d'en enfouir une moitié avant ou, au moins, pendant l'hiver. Une bonne méthode pour produire des chanvres excellents consiste à répandre, immédiatement avant la semaille, des engrais courts, tels que la cendre, la colombine, la boue des rues, la cornaille, les chiffons, le malt des brasseries, etc.; à les enterrer légèrement, à semer et à herser. Lors même que quelques-uns de ces engrais poussent à la production des mauvaises herbes, il n'y a rien à craindre; le chanvre placé dans de bonnes conditions les aura bientôt étouffées.

Si, à l'époque de la semaille, la provision d'engrais n'est pas suffisante, on peut, à la rigueur, attendre après le semis pour fumer alors en couverture. En Suisse, on arrose d'abord le champ avec du purin, on sème, on herse et on étend ensuite du fumier un peu décomposé. Le chanvre ne craint pas non plus d'être semé et enterré en même temps qu'un fumier court.

§ 5. *Préparation du sol.*

On ne saurait assez labourer et herser le champ qui doit recevoir le chanvre. Des cultivateurs alsaciens donnent fréquemment cinq et même six labours dans leurs chènevières, dont deux avant l'hiver et les autres après. Pour mettre le terrain dans de bonnes conditions, on le rompt après la dernière récolte et on le met en sillons creux; pendant l'hiver, il est couvert de fumier long; au mois de mars, on donne un vigoureux hersage; à la fin du même mois, on fume avec du fumier court, et on met la terre à plat par plusieurs labours soignés. Si l'on a pu conduire le fumier long avant l'hiver, il est bon de l'enterrer. Les deux dernières façons à la charrue se donnent à peu de distance l'une de l'autre, peu avant la semaille; elles doivent être très-légères et à tranches étroites, pour pulvériser le sol le plus possible.

Il est important de ne jamais labourer une chènevière par un temps pluvieux et de ne jamais rouler le sol encore mouillé, le chanvre voulant absolument un terrain très-meuble. Il est inutile de dire qu'il ne faut pas remuer aussi souvent une terre de nature plus légère.

§ 6. *Semaille.*

Pour que le chanvre réussisse, sa croissance doit se faire d'une manière continue, c'est-à-dire ne doit pas être interrompue par le froid et le mauvais temps, surtout dans la première période de sa végétation ; aussi l'époque de la semaille est difficile à déterminer et ne peut être la même pour toutes les années : donc, dès qu'un moment favorable se présente, il faut savoir le saisir. Souvent deux chanvres semés sur deux champs voisins, de constitution semblable, également fumés et travaillés, ont deux résultats bien différents, parce que, dans l'un, la semaille s'est faite à propos, et que, dans l'autre, elle a été manquée.

En Alsace, on sème ordinairement vers la deuxième quinzaine du mois de mai ; dans les contrées un peu plus froides, ou lorsque l'hiver se prolonge, il ne faut pas semer avant le mois de juin : aussi, à Oberacker, dans le grand-duché de Bade, la semaille a-t-elle lieu, le plus souvent, vers le 6 juin. Les terrains gras et situés très-bas font exception et peuvent être ensemencés un mois plus tôt. Il en est de même du chanvre hâtif, dont on veut faire du fil, cultivé dans des jardins ou dans des pièces entourées de haies.

La quantité de semence est de 1 scheffel prussien (549 décilit.) par morg. (25 ares 50 cent.) dans certaines localités; dans d'autres, on sème 1 scheffel et trois huitièmes (549 décilit. 375); ce dernier chiffre est le plus élevé que l'on emploie. Lorsque le chanvre est destiné à faire du fil, on le sème plus épais que s'il doit servir à faire des câbles.

§ 7. *Soins.*

Les moineaux et autres oiseaux sont très-friands de chènevis; si l'on ne fait pas surveiller la graine semée jusqu'à ce qu'elle ait poussé quatre à six feuilles, elle est exposée à être entièrement ravagée. Pour prévenir ce dommage, on établit des surveillants, qui éloignent les oiseaux en jetant des cris ou en faisant du bruit avec des crécelles. En outre, on peut avoir à redouter les ondées ou la sécheresse. La semence souffre également beaucoup de la nielle, maladie qui n'attaque pas les tiges elles-mêmes. Des exemples prouvent que le chanvre ne craint pas les eaux courantes; en effet, on en a vu des champs entiers couverts, pendant trois semaines, de 2 pieds (626 millim.) d'eau de rivière, sans, pour cela, éprouver de notables dégâts.

§ 8. *Récolte.*

La récolte a lieu douze à quatorze semaines après la semence ; elle se fait de deux manières différentes : dans l'une, on laisse quelques plantes pour graines ; dans l'autre, on enlève tout.

On sait que le chanvre est une plante dioïque, c'est-à-dire que les organes de la reproduction ne sont point rassemblés sur le même pied. Dès que la fécondation a eu lieu, on peut arracher ; mais, si l'on préfère attendre la maturité des graines et enlever le tout en une seule fois, alors les tiges mâles * se dessèchent, se racornissent et sont tellement devancées par la végétation des tiges femelles, que souvent, et surtout par un temps pluvieux, elles ont disparu presque entièrement au moment de la récolte. Pour éviter cette perte, qui est considérable parce que les tiges mâles donnent la meilleure filasse, on a imaginé de les récolter à part, en laissant sur pied le chanvre femelle dont la maturation n'est pas accomplie. Les tiges arrachées sont liées en bottes et enlevées du champ **.

* Beaucoup de cultivateurs font ici confusion ; ils appellent, en général, chanvre mâle celui qui porte les graines, et chanvre femelle celui qui ne produit que la filasse, tandis que c'est tout le contraire. (*Note du traducteur.*)

** Dans le pays de Waes, on reconnaît que le chanvre mâle est mûr lorsque ses fleurs ont répandu leur poussière, que le haut de la tige jaunit et qu'elle blanchit vers la racine. (*Agricult. prat. de la Flandre*, par Van Aelbroeck.) (*Note du trad.*)

Quelques semaines après, vient le tour des tiges femelles : on n'attend pas, pour les récolter, que les graines soient complétement mûres, parce que la filasse en souffrirait trop ; mais on arrache dès que les graines inférieures de la panicule paraissent dures et fermes.

Dans les contrées où l'on fait peu de cas de la graine, on arrache en même temps les tiges mâles et les tiges femelles. Cette récolte tombe alors dans une période qui tient le milieu entre les deux époques désignées plus haut.

On arrache le chanvre avec la racine, ou bien on le coupe à ras de terre au moyen d'une faucille. Il est laissé, pendant quelques jours *, sur le champ avant le rouissage ; car on est d'avis que le chanvre parfaitement séché est de meilleure qualité que celui qui est de suite porté au routoir. S'il s'agit du chanvre porte-graine, on le lie en paquets que l'on appuie contre un léger échafaudage de perches. Lorsque les sommités sont assez sèches pour pouvoir être battues, on étend le chanvre sur des draps, où on le frappe avec des maillets pour obtenir une première semence, toujours considérée comme la meilleure ; on redresse ensuite les javelles, et l'on achève le battage quelques jours après. A Oberacker,

* Huit ou dix jours, dans le pays de Vaes. On l'y dispose en petits faisceaux les uns contre les autres sur le sol, afin de les faire sécher. Ce procédé simple évite l'échafaudage, toujours embarrassant. (Van Aelbroeck ; *Agr. fl.*) (*Note du trad.*)

on bat le chanvre au-dessus de baquets ou de tonneaux ouverts *.

Pendant la récolte, on sépare, par un triage, les tiges faibles de celles qui sont de belle venue.

§ 9. *Semence.*

Le chanvre étant récolté comme le lin, avant d'être parfaitement mûr, on a les mêmes précautions à prendre pour en retirer la graine de bonne qualité. Il est difficile, surtout pour le chanvre généralement semé épais, que les graines, spécialement celles qui viennent sur les pédicules secondaires, arrivent à une maturité parfaite; aussi, dans les pays où cette culture est bien entendue, comme dans le grand-duché de Bade et dans l'Alsace, on sème à part le chanvre porte-graine au moyen de quelques semences répandues en petites quantités sur les champs de pommes de terre. Ces tiges isolées sont exposées de toutes parts à l'air et au soleil, et ne tardent pas à acquérir le plus grand développement; leur filasse étant sacrifiée d'avance, on ne

* Dans quelques localités de la France, on se sert d'un moyen plus simple et plus expéditif. Le chanvre porte-graine est étalé en travers d'une échelle couchée sur l'aire de la grange, que l'on a préalablement revêtue d'un drap. On bat légèrement au fléau la partie des tiges située entre les deux montants de l'échelle, et le simple ébranlement détache la graine, qui est recueillie sur le drap. Ce procédé endommage moins la filasse que celui d'Oberacker et n'a pas l'inconvénient de briser les sommités des tiges.

(*Note du traducteur.*)

les arrache que lorsqu'elles sont parvenues au dernier degré de leur maturité : c'est ainsi que l'on obtient la meilleure graine *.

En Suisse, on sème le chanvre porte-graine dans de petits creux, à fonds plats, isolés, et de 1 pied et demi (469 millim.) de diamètre; on arrose les jeunes plantes avec du purin.

Le chanvre dont la graine doit servir de semence n'est pas battu comme à l'ordinaire, parce que le chènevis placé au sommet de la panicule ne vaut pas celui de sa base. On se borne à frapper doucement les tiges contre une herse appuyée sur une forte poutre, et l'on obtient ainsi la meilleure graine.

§ 10. *Rouissage du chanvre et abatage des racines.*

Le rouissage se fait à la rosée ou à l'eau : le premier demande trois à quatre semaines, et le second six à neuf jours seulement; l'un donne le chanvre gris et l'autre le chanvre blanc. Le chanvre gris, blanchi après le rouissage à la rosée, devient plus blanc et plus fin que l'autre; mais il a beaucoup moins de durée : c'est pour cette raison que le

* M. Van Aelbroeck rapporte, dans son ouvrage, qu'en Flandre les cultivateurs font principalement attention à la qualité de la graine. Ils reconnaissent la bonne à sa couleur foncée, à sa dureté et à son poids; ils savent que la semence ne doit pas avoir plus d'un an. (*Note du traducteur.*)

chanvre gris sert toujours à faire du fil et jamais du câble. On met les javelles de chanvre dans la fosse à rouir, en couches recouvertes de planches chargées de pierres. Le chanvre est suffisamment roui quand ses feuilles restent dans la main à mesure qu'on la promène le long de la tige. Enlevé hors de l'eau, on le fait sécher contre un échafaudage ou contre une haie, et, dès qu'il a atteint le degré de siccité convenable, après avoir été bien étendu et retourné plusieurs fois, on le mène à la ferme : des granges ou d'autres abris sont disposés pour le recevoir et le conserver jusqu'à nouvel ordre. Plus l'eau du routoir est fraîche et claire, plus le chanvre gagne en blancheur.

Le rouissage à la rosée a lieu sur des prairies et plus communément encore sur le champ même qui a produit le chanvre; dans ce dernier cas, on laboure la terre et on étend les tiges en travers des sillons. Il importe d'en faire des lits aussi minces que possible, pour que sa blancheur devienne plus argentée. S'il est étendu trop épais, les tiges cachées deviennent rougeâtres, et les objets que l'on fabrique avec leur filasse ne sont jamais aussi purs, de même qu'il arrive pour le lin dans des circonstances pareilles. L'écorce séparée du bois sans effort indique également la fin du rouissage *.

* On assure que le meilleur chanvre est celui qui se rouit le plus promptement, et il faut ajouter, dit Van Aelbroeck, que le

Procédé employé à Oberacker, dans le grand-duché de Bade. — Aussitôt qu'un chanvre à fortes tiges a été arraché, on en sépare les racines avec une hache, et ensuite on l'étale pour le faire rouir à la rosée. Il faut faire attention de ne jamais étendre sur une prairie le chanvre pour filasse, parce qu'alors il perd facilement de ses qualités ; son étendage a presque toujours lieu sur des terres d'orge en chaume. L'expérience a fait remarquer que le chanvre roui sur un chaume de seigle était celui qui parvenait à la blancheur la plus grande ; le chanvre porte-graine, au contraire, est toujours roui sur une prairie : à cet effet, on le met en couches très-légères, de façon que l'on puisse presque compter toutes les tiges ; le rouissage est ainsi plus prompt et plus égal, et l'on y gagne le temps qu'il aurait fallu employer pour le retourner. Ici, comme ailleurs, le rouissage est fini lorsque l'écorce blanchit et se sépare du bois ; si elle devient rougeâtre, on retarde l'enlèvement des tiges.

Généralement, pour séparer les racines, on s'y

meilleur chanvre est celui qu'on arrache à l'époque la plus rapprochée de sa parfaite maturité ; il doit se rouir plus vite, puisque alors la filasse tient moins à la tige et demande naturellement à se détacher.

On a pu voir que Schwerz est d'un autre avis, du moins quant à l'arrachage du chanvre à filasse ; car l'époque, au contraire, où l'écorce tient le moins à la tige serait au moment où la fécondation vient de s'opérer, par conséquent à l'instant même où la maturation ne fait que de commencer. (*Note du trad.*)

prend de la manière suivante : on couche sur des planches, établies à une certaine hauteur du sol, un lit de tiges de l'épaisseur d'un demi-pied (156 millim.), la planche sur laquelle reposent les racines étant à 1 pouce (26 millim.) de celles qui supportent les tiges proprement dites. L'ouvrier met un pied sur les racines et un pied sur les tiges, de manière à fixer la couche sous lui, et il coupe ou scie les racines au moyen d'une vieille faux ébréchée, en la faisant passer dans l'intervalle qui sépare les deux planches dont nous venons de parler : les racines servent ensuite à alimenter le feu.

§ 11. *Torréfaction et macquage.*

Le chanvre, comme le lin, a besoin d'être desséché d'outre en outre avant d'être macqué : lorsque cette dessiccation n'a pu se faire au soleil, il faut avoir recours au feu. La fosse à torréfier est un carré long, dont le grand côté a 14 pieds (4^m,382), le petit 10 (3^m,130), et dont la profondeur est de 9 pieds (2^m,817). Les parois vont en se rétrécissant vers le bas jusqu'à ce que la surface du fond n'ait plus que 5 pieds (1^m,565) de long sur 3 pieds (939 millim.) de large : un escalier, pratiqué sur l'un des petits côtés, permet d'y descendre. L'intérieur est revêtu de maçonnerie sur trois côtés, le quatrième, celui où se trouve l'escalier, reste ouvert ; cette maçonnerie doit dépasser le sol de 1 pied

(313 millim.) environ et supporter des baliveaux sur lesquels on applique des perches de moindre grosseur pour former une espèce de grille. C'est sur cet appareil que l'on dispose un lit de tiges de 2 pieds à 2 pieds et demi (626 à 982 millim.) de hauteur; ce lit est naturellement composé de plusieurs couches successives de javelles superposées en se croisant. Il faut faire attention de mettre toujours en dehors les grosses sommités et de recouvrir le tout d'un drap. Lorsque toutes ces dispositions sont prises, on allume au fond de la fosse un feu modéré; les chènevottes que l'on a obtenues du dernier macquage peuvent servir à l'entretenir. L'ouvrier préposé à la surveillance de cette opération est posté à la gueule de cette espèce de four et y jette, de temps en temps, quelques poignées de chènevottes. Une heure après, la masse doit être assez sèche, et on l'enlève pour la remplacer. Dans l'intervalle accordé pour l'enlèvement et le remplacement des couches, le gardien descend dans la fosse pour débarrasser le grillage de tous les brins et filaments qui auraient pu passer au travers, et qui, ainsi suspendus, pourraient prendre feu et le communiquer à la masse.

Le chanvre, une fois desséché, passe immédiatement au macquage. Les tiges jetées sur un établi sont écrasées au moyen du couteau à macquer; la partie ligneuse se détache en gros et laisse la filasse remplie d'une multitude de petits éclats dont on se débarrasse ultérieurement; c'est ce qui arrive au second macquage, d'où la filasse sort parfaitement propre. Dix à douze personnes peuvent, en un jour, transformer ainsi la récolte d'un morg. (25 ares 50 cent.).

§ 12. *Broyage.*

Le broyage du chanvre se fait entre deux pierres de moulin; la filasse, ainsi frottée, se divise et devient tendre et souple. Cette opération peut durer trois heures à peu près; mais plus elle est longue, plus le chanvre est fin, soyeux et argenté : que l'on se garde cependant de la pousser trop loin, de peur de faire perdre à la filasse une partie de sa force et de sa ténacité. — Dans certains cas, le broyage est remplacé par le foulage.

Procédé en usage à Oberacker. — On vient de dire que le broyage pouvait durer trois à quatre heures; mais, à Oberacker, il ne dure pas moins de six à huit heures. Quelques-uns, pour donner au chanvre une plus grande souplesse, ont soin de jeter de la glaise fine sur la planche à broyer; l'opération se continue jusqu'à ce que la filasse soit suffisamment divisée et nettoyée des brins de chènevottes, et qu'elle ait acquis un toucher doux et agréable. Une précaution qu'il ne faut pas négliger, c'est de retourner continuellement le chanvre pour qu'il subisse partout la même action.

§ 13. *Division de la filasse.*

Le chanvre monte fréquemment à une hauteur de 5 à 6 pieds ($1^{m},565$ à $1^{m},878$) ; sa filasse atteint, par conséquent, une longueur à peu près égale. Cette dimension est incommode au filage ; si, pour éviter cet embarras, on la partageait par le milieu avec un instrument tranchant, on tomberait dans une seconde difficulté, celle de n'avoir que des extrémités de filaments larges et difficiles à la reprise. Pour obvier à tous ces inconvénients, on déchire la filasse au moyen d'un instrument émoussé qui la mâche en quelque sorte et forme, à ses extrémités, de petites dentelures qui facilitent de beaucoup la reprise au filage.

§ 14. *Affinage ou peignage.*

Le chanvre, transformé par les opérations précédentes, doit être ensuite peigné ; dans ce but, on le passe à l'affinoir grossier et à l'affinoir fin, d'où il sort à l'état de chanvre proprement dit, de chanvre court et d'étoupe *. Le chanvre proprement dit reste dans

* Les Bolonais, dit Crud, distinguent leur filasse en chanvre *grèse*, qui lui-même donne lieu à deux classes, le *londrin* et le chanvre de seconde qualité ; en chanvre court, en chanvre *taré*, en étoupe et en chanvre femelle : ce dernier est produit par le chanvre porte-graine. Chacune de ces espèces a sa destination et son emploi particuliers. (*Note du trad.*)

la main de l'ouvrier, le chanvre court entre les dents de l'affinoir, et l'étoupe tombe à terre; cette dernière, toujours très-grossière, n'a que des usages peu importants. Le chanvre court fait de la toile commune ou de la corde; reste le chanvre proprement dit, dont l'emploi est facultatif. Pour le rendre plus beau et plus fin, on le fait broyer ou fouler une seconde fois; il a une valeur de deux tiers (66 centièmes) de plus que le chanvre court, auquel, cependant, la fraude le mélange souvent. Deux ouvriers peuvent faire passer en un jour 1 quintal et demi (70 kilog. 14) de filasse par les deux affinoirs.

Procédé en usage à Oberacker. — Après avoir frotté le chanvre, et pour le préserver de la poussière et des autres corps ambiants, on étend chaque paquet sur l'arbre d'une macque; là on le démêle, et, après avoir secoué toutes les particules qu'il peut retenir, on le rassemble pour qu'il ne soit pas trop déchiré à l'affinage et qu'il ne perde pas de sa longueur : auparavant, il faut avoir soin de le chauffer pour le faire parvenir à ce degré de siccité et de moelleux qui le rend plus propre à être bien peigné. Le chanvre, comme d'ordinaire, est passé d'abord à l'affinoir grossier, ensuite à un affinoir plus fin, et, en dernier lieu, à un troisième affinoir à dents tout à fait rapprochées : ce dernier en a quarante et une dans sa longueur, qui est de 8 pouces (208 millim.), et 15 sur sa largeur, qui est de 4 pouces

(104 millim.) ; elles sont disposées en quinconce. Chaque dent est quadrangulaire, et les arêtes en sont arrondies. Les meilleurs affinoirs sont fabriqués à Belen, près d'Hermersheim, sur le Rhin.

5 livres (2 kilog. 30) de matière brute donnent, à l'affinage, 3 livres (1 kilog. 38) de filasse pure.

§ 15. *Teillage.*

Un chanvre à tiges fortes, dont la graine aura mûri sur pied, ne peut être que difficilement broyé et macqué; quelquefois même on ne peut y parvenir : on est alors obligé de le teiller, c'est-à-dire de séparer avec la main l'écorce du bois. On teille aussi de la même manière le chanvre destiné à faire du fil, parce que les filaments souffrent moins qu'au macquage. Ce travail a l'avantage de ménager le bois, qui sert ensuite à faire des allumettes, mais il exige beaucoup de main-d'œuvre et de temps; aussi on ne le réserve guère que pour occuper les soirées de la mauvaise saison : il a, de plus, l'inconvénient de produire une poussière qui attaque la poitrine.

On peut estimer le produit d'un morg. prussien (25 ares 50 cent.) de 3 et demi à 4 quintaux (163 kilog. 66 à 210 kilog. 42) de chanvre et à 1 quintal et tiers (62 kilog. 34) d'étoupe, valant à peu près 50 à 64 rixd. (185 fr. à 236 fr. 80).

Note de M. Pabst. — Le produit en graines s'élève, en moyenne, de 4 et demi à 6 scheffels prussiens (2 hectol. 470 à 3 hectol. 294) par morg. (25 ares 50 cent.).

CHAPITRE III.

CULTURE DU COLZA ET DE LA NAVETTE.

A. *Colza d'hiver.* — § 1er. *Avant-propos.*

Le colza, et à côté de lui la navette d'hiver, sont, de toutes les plantes commerciales, celles qui peuvent le mieux convenir à une grande culture ; elles n'exigent pas, comme le houblon et la garance, une culture jardinière, et ne sont pas soumises, comme le lin, le chanvre et le tabac, à des manipulations coûteuses : de plus, le colza épuise moins la terre que toutes les autres récoltes du même genre ; il rend au sol à peu près tout ce qu'il lui a pris, et le laisse dans un état bien approprié aux cultures suivantes. Les cultivateurs, cependant, qui n'ont pas de terrains très-productifs ou qui manquent d'engrais pour fumer un terrain de fertilité moyenne seront prudents en ne cultivant pas le colza sur une trop grande échelle.

§ 2. *Sol et place dans la rotation.*

Quoique le colza réussisse sur un terrain sablonneux et bien fumé, cependant il préfère un sol

moyennement argileux, modérément humide et à couche arable, profonde et fertile; il doit être soigneusement garanti de l'eau et des mauvaises herbes à végétation souterraine; un gazon ou un pâturage, une luzerne ou un trèfle rompus sont les places qui lui conviennent le mieux.

Il est bon, lorsqu'il s'agit de placer le colza dans la rotation, de se décider d'avance pour la semaille sur place ou pour la semaille en pépinière suivie du repiquage, chacune de ces deux méthodes demandant des dispositions différentes.

La semaille sur place, qui est le mode généralement pratiqué, se fait sur un chaume de céréales, sur une récolte verte, ou, enfin, sur une jachère pure.

La semaille sur chaume de céréales est la moins avantageuse; elle exige impérieusement un terrain bien cultivé et bien fumé depuis longtemps; de plus, il faut que la récolte précédente ait été enlevée de très-bonne heure, parce que le colza doit se semer aussitôt après elle, c'est-à-dire avant le 15, ou, au plus tard, avant le 24 du mois d'août. En Alsace, on couvre les chaumes de céréales d'engrais très-décomposées que l'on enterre par un labour; on sème ensuite sans autre préparation et on herse; mais cette pratique, comme nous venons de le dire, n'est applicable que sur un sol convenablement exposé et en état de fumure et culture bien soutenu.

Veut-on faire succéder le colza au trèfle, on ne

prend à celui-ci qu'une seule coupe et on mène le fumier; dès que le trèfle, en poussant, a percé la couche d'engrais dont il est couvert, on donne un labour; mais, si le fumier manque et que l'on puisse se passer de la coupe de trèfle, on laisse celui-ci sur pied et on enterre le tout à la charrue. Le colza ainsi obtenu devient très-beau; il réussit même aussi bien sur vesces fauchées en vert pour le bétail que sur jachère; mais, pour cela, la terre aura dû être bien cultivée depuis quelque temps, labourée profondément et avec soin dans l'arrière-automne, fumée en hiver, et la semaille de vesces faite au printemps aussitôt que possible. Les vesces auront pu être ainsi enlevées du sol vers le commencement de juillet au plus tard, et le terrain sera libre pour le labour. Il faut herser assez souvent et assez profondément pour que le champ devienne parfaitement meuble; le labour pour la semaille se donne alors dans les premiers jours du mois d'août.

D'ordinaire, l'emplacement le plus favorable au colza est la jachère pure, précédée, comme on le devine, d'une récolte au moins de céréales *.

* Cette pratique est bonne sans doute si l'on considère que le climat brumeux de la Flandre met le colza à l'abri des fortes sécheresses auxquelles il peut être sujet dans quelques parties de la France. Aussi, d'après l'avis de plusieurs agriculteurs distingués, et surtout d'après les expériences si concluantes faites depuis plusieurs années par M. Malingier, propriétaire à la Charmoise (Loir-et-Cher), on s'accorde à regarder, pour les localités où cette sécheresse se fait communément sentir, une récolte verte sur laquelle

Mais, si le colza est repiqué au lieu d'être semé, il n'empêche pas de prendre, dans la même année, une récolte, qui est, le plus souvent, une céréale.

Hinz, Riethmeyer et Seefried disent qu'en Flandre le colza est repiqué sur céréales, et plus particulièrement sur chaume d'avoine : quant à la semaille sur place, elle a ordinairement lieu sur un chaume de seigle. En terre forte, on le fait venir sur un trèfle fauché une seule fois, parce que les racines du trèfle ont la propriété de faire perdre au sol une partie de sa ténacité ; mais jamais on ne sème le colza sur jachère pure.

§ 3. *Culture et fumure.*

Plus la terre aura été labourée et fumée fortement et l'engrais mélangé au sol, plus on pourra compter sur une bonne récolte de colza ; on laboure quatre et même six fois la jachère sur laquelle on veut le semer, et l'on n'épargne ni hersage ni roulage. Il y a avantage à fumer de très-bonne heure, parce que l'engrais a le temps d'être mélangé au sol par les façons qui suivent et de présenter aux jeunes plantes toutes les conditions voulues de végétation.

on aura mené du fumier, comme le meilleur précédent pour le colza. On conçoit que celui-ci, trouvant dans le sol une fumure riche, mais peu échauffante, résiste infiniment mieux à la sécheresse que s'il avait été semé sur un chaume de céréale ou dans une jachère fumée avec des engrais animaux seulement. (*Note du trad.*)

En Flandre, rapportent Seefried et Hinz, nous avons vu choisir, pour le colza semé en place, une terre très-forte sur laquelle on avait récolté du froment : le chaume fut rompu et hersé ; on donna ensuite un labour deux fois aussi profond que le premier, suivi de roulage et de hersage, et le colza semé sur ce terrain fut enterré par un traîneau à deux chevaux. Les mêmes font encore remarquer qu'on arrose toujours, avec du purin mélangé de tourteaux de colza, la terre en chaume destinée à cette culture.

Le fumier de mouton est le meilleur engrais pour le colza, surtout lorsqu'on peut y ajouter le parcage; le purin, amené immédiatement avant la semaille, est aussi d'un excellent effet. On peut encore citer comme très-bons engrais le poussier de lignite et les cendres de bois; on les répand sur le labour de semaille, dans lequel on le mélange par un hersage, après quoi on sème et on herse. Dès que la plante a poussé quatre à six feuilles, il est avantageux de plâtrer.

Il ne faut pas oublier un des grands leviers de la végétation du colza, la marne, surtout lorsqu'on sème sur un pâturage. Ce pâturage est rompu légèrement en automne; la tranche de gazon retournée est déchirée avant l'hiver par la herse de fer, et, pendant la mauvaise saison, la marne est conduite et étendue; de bonne heure, au printemps, on laboure de nouveau aussi légèrement que dans l'automne précédent, et on herse plusieurs fois, par un temps sec, à intervalles suffisants pour que le gazon ait le temps de se décomposer complétement; le fumier est ensuite amené et enterré par un labour plus profond que les autres; sur ce labour on herse au temps sec, et on donne enfin, au mois de juillet, la sixième et la plus forte façon à la charrue.

§ 4. *Semaille.*

La semaille, dans quelques localités, commence à la fin de juillet, mais cesse à la fin du mois d'août; elle se fait d'ordinaire entre le 8 et le 20 de ce dernier mois. Selon les cultivateurs des bords du Rhin, rien n'est nuisible comme de semer épais, et ils attribuent à cette faute la gelée des végétaux. Pour se préserver de ce danger, il faut s'arranger de manière à ce que, à l'entrée de l'hiver, les plantes se touchent à peine : de là la nécessité de herser sur la semaille lorsqu'elle est trop drue. Les plantes, trop serrées sur certaines places, ne tallent pas, montent, mûrissent huit jours avant les autres et perdent ainsi leurs graines. Il faut éviter de semer par une forte sécheresse et profiter d'une pluie ou de l'apparence d'une pluie prochaine. Si l'on ne peut retarder la semaille, il faut la faire le soir même où l'on a labouré et y passer la nuit, si cela est nécessaire; le lendemain matin, on enterre par un hersage; mais si, sur ces entrefaites, une forte pluie vient à tomber, il vaut mieux ne pas herser du tout, parce qu'en hersant un terrain mouillé on fait plus de mal que de bien. Le hersage du colza en automne et au printemps est très-utile; toutefois on peut le remplacer avantageusement par deux façons à la houe à main, comme cela se pratique en Alsace.

Note de M. Pabst. — Schwerz ne dit rien de la culture en ligne du colza; il se borne à la mentionner au § 6. Nous croyons devoir en parler, d'autant plus que Schwerz a fait, à Hohenheim, des expériences de ce genre de culture comparé au colza semé à la volée et au colza repiqué. La culture en lignes, introduite à Hohenheim, a trouvé dans les environs beaucoup de partisans. On se servait d'une machine à tambour, qui déposait la semence en lignes espacées de 2 pieds (626 millim.). Plus tard, suivant le besoin, on éclaircissait à la main; enfin on donnait une façon au *cultivateur* à trois dents, et, lorsque c'était possible, on buttait deux fois avant l'hiver.

La semaille à la volée emploie 1 metz prussien (3 litres 43) de graine par morg. (25 ares 50 cent.); la semaille en lignes n'en demande que deux tiers (1 lit. 03), ou, au plus, trois quarts (2 lit. 58).

§ 5. *Repiquage.*

Le repiquage du colza est usité principalement dans les Pays-Bas et dans le Palatinat. En Flandre, on avait observé que cette plante était souvent exposée à être gelée, et, comme le terrain y est en même temps trop précieux pour permettre la jachère, il est probable que ces deux motifs ont fait naître la pensée du repiquage. Bien que cette méthode augmente les frais de culture, qui ne s'élèvent pas toutefois aux frais occasionnés, en Alsace, par le hersage répété, elle a l'avantage de garantir le colza de la gelée, dans la plupart des cas, et d'éviter l'emploi de la jachère pure. Elle est encore très-utile dans la culture à trois soles; car elle n'en dérange pas la rotation et elle suit immédiatement un marsage en prenant la place de la jachère pure, qui devient par là même inutile. Lorsque les circonstances permettent de semer à la volée, dans une jachère, immédiatement après une céréale, cette méthode peut donner de plus grands bénéfices; mais, dans un pays où le sol est cher et où il exige une jachère pure pour être préparé, les conditions changent; car alors la seule récolte de colza, outre ses frais particuliers, doit nécessairement couvrir la rente de la terre pendant l'année improductive. Actuellement, si on calcule que, au moyen du repiquage, on peut faire produire au champ sa récolte annuelle, et qu'alors on ne perd rien ni en céréales ni en paille, il devient évident que cette opération est des plus avantageuses. Les pertes qu'ont éprouvées quelques cultivateurs par la culture en grand du colza semé à la volée proviennent sans doute de la nécessité où ils se sont trouvés d'abandonner le produit en céréales de l'année précédente, afin d'avoir un terrain propre à la semaille ; enfin on peut ajouter que le colza semé de cette manière donne, sur la même superficie, de l'huile inférieure en quantité et en qualité à celui qui est repiqué, et qu'il épuise plus le sol : cela vient probablement de ce que, dans les Pays-Bas, où l'on cultive le colza proportionnellement beaucoup plus qu'en aucune autre contrée de l'Europe, on lui applique toutes les ressources que peuvent offrir une culture bien entendue et un terrain richement doué.

Le repiquage du colza suppose naturellement l'existence de plants en pépinière. Pour obtenir de bons plants, la pépinière doit avoir, en surface, la moitié de l'étendue du champ à colza. On peut faire choix, pour élever les plançons, d'une jachère pure, d'un terrain d'où le lin vient d'être arraché, d'un champ de trèfle fauché ou de vesces consommées de bonne heure, ou, enfin, d'une terre qui aura produit une céréale d'hiver. La pépinière sur jachère pure occasionne plus de frais, mais elle est la meilleure, et l'on ne peut s'en passer en terre forte. Pour avoir de bons plants, il est indispensable de labourer, de fumer avec de bons et nombreux engrais, et, en outre, de ne pas semer trop épais. La suie de cheminée a, dit-on, une action particulière sur les pépinières de colza ; on peut aussi la répandre au printemps sur le champ lui-même. Quand on sème dru sur un terrain maigre, les plants restent courts et faibles; sur un terrain gras, ils lèvent, deviennent mous en même temps que hauts de tige. Les premiers ne profitent pas au repiquage et les autres courent le risque d'être gelés; c'est pourquoi on doit apporter beaucoup de soins et de prudence dans leur emploi. Les meilleurs plants ont la tige courte et évasée, et ils ne craignent rien à la gelée quand ils sont bien enterrés. On sème en pépinière vers le milieu de juillet.

Les pépinières sur les champs de lin arraché ne donnent de bons résultats que dans les années un peu humides; dans les années sèches, elles sont exposées à avorter. Comme le colza ne se craint pas plus qu'il ne craint d'autres plantes, on peut aussi semer les plants à repiquer sur un champ qui vient de porter du colza; mais, si, à la récolte, la perte de graines a été considérable, il faut renoncer à faire sa pépinière sur un champ pareil, parce que, les graines perdues levant en même temps que celles qu'on vient de semer *, la végétation y deviendrait trop serrée. Dans les années où les céréales ont été récoltées de bonne heure, on peut établir ses pépinières sur un bon chaume de blé d'hiver, surtout quand celui-ci a été précédé d'un trèfle. Quoi qu'il en soit,

* En France, les cultivateurs intelligents, dont les colzas ont dégrainé à la récolte, se contentent de donner un léger labour et de herser; ils obtiennent ainsi, sans semaille, un champ qui leur fournit d'excellents plants à repiquer. (*Note du trad.*)

une pépinière établie sur un champ de trèfle fauché une seule fois peut être considérée comme la meilleure de toutes.

Le sarclage des plants est d'une nécessité absolue dès qu'ils ont atteint la hauteur d'une main. Ce travail n'est pas pénible; car on se borne à arracher les mauvaises herbes les plus hautes. Un coup de herse donné à la pépinière, avant ce sarclage, est aussi très-profitable.

On repique le plant à la charrue, à la bêche ou au plantoir. Pour le repiquage à la charrue, on se sert de plants forts et semés de bonne heure sur la jachère. Ce repiquage peut avoir lieu lorsque les semailles de blé d'hiver sont achevées, c'est-à-dire en octobre. On a soin, en arrachant les replants, de les saisir par leurs bases et de les retirer verticalement pour ne pas briser les tiges. Quand ils sont forts, on débarrasse leurs racines de toute terre et on les laisse se flétrir à l'air pendant quatre à six jours ; seulement il faut faire attention de ne pas les mettre en tas trop épais, de peur qu'ils ne jaunissent ou ne pourrissent. Le flétrissage du plant a pour but de déterminer un temps d'arrêt dans sa végétation; sans cette précaution, les plants repiqués par un automne chaud, sur un terrain riche, pourraient pousser à une trop grande hauteur et périr à la première gelée.

L'engrais n'est pas indispensable au champ sur lequel on va repiquer, s'il est en bon état de fumure : un peu de fumier, cependant, ne peut pas lui nuire.

Avant de repiquer sur céréales, on laboure légèrement les chaumes et ensuite on passe la herse. Le sol est-il doux, on ne se donne pas la peine de faire ce labour ; on se contente de mener simplement le fumier qui est enfoui avec les replants par le même labour.

Dans les plantations étendues, on transporte sur le champ les plants arrachés, liés en bottes avec de la paille. Le charretier, arrivé sur place, les jette à des distances indiquées, en suivant une ligne droite. Les paquets sont ainsi à la portée des repiqueurs, dont quatorze à seize sont nécessaires pour servir une charrue. La moitié de ces ouvriers se répartit d'un côté de la planche, et la seconde moitié de l'autre. Dès que la charrue a incliné deux tranches l'une contre l'autre, formant ados, on appuie sur elles les plants, que le second voyage de la charrue vient recouvrir. On continue ainsi en laissant entre les plants, dans la ligne même, un espace de 8 à 10 pouces (208 à 260 millim.) *. Le sol doit recouvrir les plants jusqu'à leurs collets ; dans ce but et pour corriger les inégalités commises par le la-

* Il faut ajouter, pour l'intelligence de ce qu'on vient de lire, que, dans les Pays-Bas, la charrue est construite de manière à ce que la file des chevaux qui la traînent marche sur la terre non encore labourée, en dehors du sillon ouvert, afin que leurs pieds ne dérangent pas les plançons. (*Note de M. Pabst.*)

boureur, un ouvrier armé d'une pioche suit chaque charrue, exhaussant ou abaissant la terre là où il en est besoin, et repoussant dans le sol les touffes de fumier qui pourraient paraître encore. L'opération du repiquage, si importante en elle-même, exige un surveillant pour la diriger. Une charrue bien servie peut, en un jour, labourer et recouvrir une surface de 3 morg. (76 ares 50 cent.), en ayant soin, bien entendu, de relayer les chevaux.

On choisit, pour le repiquage à la bêche ou au plantoir, les plants les moins élevés. Cette transplantation se fait à la fin de septembre ou au commencement d'octobre, c'est-à-dire un peu plus tôt que celle à la charrue. Lorsque ce repiquage doit avoir lieu sur un terrain sablonneux, on herse d'abord et l'on brûle ou enlève les chaumes de céréales; du fumier court est ensuite amené et enterré à 6 pouces (156 millim.) de profondeur, par un labour à planches étroites. Le sol du champ est-il compacte, on laboure légèrement les chaumes et l'on herse; après quoi l'on conduit du fumier, qui est enterré par un labour en travers; peu de temps après, nouveau hersage et nouveau labour dans le sens ordinaire, afin de donner aux planches une forme convenable. Dans ces deux cas, on ne herse jamais après le dernier labour.

Le repiquage à la bêche ne demande que trois enfants et un ouvrier. L'ouvrier, placé sur le dos de la planche à colza, dont la largeur doit être de 6 pieds

(1^{m},878), fait en travers cinq entailles qu'il évase par le haut en ébranlant sa bêche; il recule d'un pas, fait encore cinq ouvertures, et ainsi de suite. Les trois enfants, agenouillés devant lui, placent chacun deux plants dans chaque entaille restée béante, et la referment en frappant sur ses deux bords avec le poing. Avant l'opération, on aura eu soin de disposer les plants sur la planche, afin que les repiqueurs les aient sous la main.

Le repiquage au plantoir se pratique à peu près de même; seulement il n'est pas nécessaire de remuer l'instrument pour laisser les trous ouverts.

Ces deux méthodes mettent les plantes à 6 pouces (156 millim.) l'une de l'autre dans les lignes, espacées elles-mêmes de 1 pied (313 millim.), et isolent, de la sorte, chaque plant dans un carré de 72 pouces (1^{m},872) du Rhin. Quatre ouvriers peuvent, en un jour, repiquer un morg. (25 ares 50 cent.).

Aussitôt que le colza a repris, on garnit les plantes avec de la terre provenant du curage des rigoles qui séparent les planches. Un homme peut, en un jour, faire ce travail sur 1 morg. (25 ares 50 cent.). Le purin, mené pendant la gelée sur un colza traité ainsi, produit des résultats extraordinaires.

Une bonne manière de repiquer le colza sur luzerne est celle-ci : après avoir tiré parti, l'année précédente, de la luzernière, on y creuse à la pioche un sillon profond; on pèle ensuite un deuxième sillon à côté du premier; le gazon pelé va tapisser le fond de la première rigole, la surface gazonnante tournée en dessous et les racines en l'air : c'est sur ce chevelu de racines que l'on met le plant, auquel on donne, après cela, de la terre provenant de la deuxième rigole; on creuse encore un troisième sillon, qui remplit, à l'égard du deuxième, le même rôle que celui-ci a rempli à l'égard du premier, et on continue de même jusqu'à la fin. On peut procéder d'une façon semblable pour un champ de trèfle de plus d'un an; mais, au lieu d'employer la pioche, on se sert de la charrue, dont le premier trait pèle et dont le deuxième creuse le sillon.

Voici les détails que donnent sur le repiquage Riethmeyer et Hinz :

Le champ observé par eux et destiné à être repiqué en colza avait porté du seigle. Cette récolte enlevée, on laboura en long très-légèrement et l'on donna plusieurs hersages en long et en travers, pour se débarrasser du chiendent; après ces hersages répétés, labour profond en travers, pour ameublir le sol, suivi d'un hersage en long à la herse triangulaire; enfin on acheva par une façon à la herse quadrangulaire, rendue plus efficace par le poids de l'ouvrier monté sur elle; l'engrais fut ensuite amené, étendu, et le sol labouré à 6 ou 7 pouces (156 à 182 millim.), en planches de neuf sillons. On ne labourait que rigoureusement ce qui pouvait être repiqué dans la journée. Cinq hommes étaient occupés au repiquage : l'un d'eux faisait les trous avec un plantoir à deux dents, sur un terrain ordinaire, ou avec un plantoir à trois dents, lorsque le sol était léger; les quatre autres repiquaient pendant que huit à dix filles arrachaient les plançons. Le Flamand craint la pluie tant que dure ce travail.

Le champ repiqué est abandonné, le plus souvent, jusqu'à la fin de décembre, époque à laquelle on l'arrose soigneusement avec du purin. Tout est préparé d'avance pour cet arrosement : on jette dans les purinières des tourteaux de colza, des engrais de basse-cour, des matières fécales et autres engrais actifs ; on en forme ainsi un composé liquide d'une très-grande puissance. Des tonneaux montés sur deux roues et remplis à la citerne mènent cet engrais sur le champ : un homme le fait écouler par une bonde dans trois baquets, transportés l'un après l'autre par quatre porteurs ; ceux-ci vont rejoindre un autre ouvrier, dont l'occupation consiste à distribuer le purin. Ce travail, bien organisé, avance avec rapidité ; deux domestiques, quatre porteurs, un arroseur et quatre chevaux peuvent puriner 7 morg. (178 ares 50 cent.) de Magdebourg en deux jours et demi.

Le terrain, arrosé comme on vient de le dire, est ensuite recouvert de terre meuble de la manière suivante : les ouvriers arrivent avec des bêches; chacun d'eux se place à l'extrémité d'une rigole, entre deux planches, et enlève, dans cette rigole, des bêchées, qu'il dépose, sans les fractionner, entre les rangs des colzas; toute la plantation est ainsi couverte de grosses mottes qui la garantissent de la gelée, et qui, tombant en poussière sous l'influence du froid, garnissent parfaitement les replants. Ce travail doit se faire par un beau temps, et vingt-quatre hommes peuvent l'accomplir en un jour sur 7 morg. (178 ares 50 cent.). La plantation reste dans cet état jusqu'au mois de mars, époque à laquelle on donne, avec de légères pioches, une façon dont on parlera dans le § suivant.

On avait choisi, pour repiquer, une terre à seigle de bonne fertilité; le seigle avait été enlevé promptement, le chaume légèrement labouré, hersé et relabouré à une plus grande profondeur; enfin, le 20 juillet, il était repiqué en colza.

Note de M. Pabst. — Le penchant qu'éprouvait Schwerz pour le repiquage tel qu'il est pratiqué dans les Pays-Bas devait naturellement l'entraîner à introduire cette méthode à Hohenheim; en effet, elle fut appliquée sur de grandes étendues pendant plusieurs années de suite, mais les résultats ne répondirent pas à l'attente. Il fallait employer la moitié de ces étendues en pépinière et, de plus, fumer et travailler avec plus de soin que pour la semaille directe; les frais étaient très-élevés et le rendement inférieur au produit de la semaille à la volée, et encore plus en dessous de celui de la semaille en ligne; il fallut donc renoncer au repiquage et donner la préférence au semoir. Le repiquage ne peut donc être avantageux, dans nos circonstances, qu'aux localités où règne la petite culture et où la rente du sol est élevée.

§ 6. *Houage.*

Lorsqu'on peut rassembler à son aise et à peu de frais beaucoup de main-d'œuvre exercée, il y a grand profit à houer le colza. On donne cette façon en automne et au printemps, selon l'usage établi en Alsace et dans les provinces rhénanes; mais, dans une culture en grand, ce travail deviendrait trop dispendieux : il faut, dans ce cas, semer le colza en ligne, parce que cette disposition rend possible l'emploi de la houe à cheval, qui garantit mieux les plantes de la gelée; c'est alors aussi que l'on trouve à utiliser le semoir.

Le but principal de la semaille en ligne est de permettre non-seulement de se servir de la houe à cheval, de donner en automne un premier buttage qui préserve la plante de l'humidité et du froid, mais encore de permettre, au printemps, d'en donner un second qui amasse, vers les racines, une terre toujours nouvelle et qui augmente l'appui nécessaire à une végétation qui grandit sans cesse; de cette manière, on parvient à produire, à peu de frais, un colza haut et vigoureux.

§ 7. *Ennemis.*

Parmi les plus dangereux ennemis du colza, on peut citer le puceron, quelques autres petits insectes, et enfin la gelée. Si la semence germe par une température sèche et continue, elle est attaquée par le puceron; une forte pluie peut, à elle seule, arrêter le mal, mais, comme ce préservatif ne vient pas toujours se mettre à la disposition du cultivateur, il faut nécessairement avoir recours à des moyens artificiels dont l'étendue d'action n'a pu être encore jusqu'ici définie : parmi ces moyens, on range la chaux, la poussière de tabac, etc. A l'époque de la floraison du colza, on voit apparaître tout à coup des myriades d'insectes tels que les *cincidelles* et les *scarabées* à trompe, dont les ravages peuvent être terribles. Le scarabée à trompe dépose ses œufs dans la fleur, et les larves qui en éclosent commencent par se nourrir avec la poussière fécondante des étamines; puis, lorsque celle-ci est absorbée, elles attaquent la fleur elle-même. Une gelée sèche d'hiver ne peut faire beaucoup de tort au colza de bonne venue, mais il court les plus grands risques si, après une forte gelée, un temps brumeux et très-humide vient pénétrer la couche supérieure du sol, ou si, avant le dégel, surviennent de fortes gelées nocturnes alternant avec des journées chaudes : ces dangers sont moindres si la gelée qui succède au temps brumeux dure nuit et jour. Le colza qui a souffert de la gelée se trouve bien d'un vigoureux hersage au printemps, et mieux encore d'une façon ameublissante entre les lignes données avec une charrue privée de versoir ; quoi qu'il en soit, il est bon de ne jamais trop se hâter de renverser, par un labour, un colza attaqué : il éprouve peu de dommages lorsque ses feuilles seules sont pourries, mais il en est autrement quand la pourriture a gagné le cœur de la plante.

§ 8. *Récolte.*

L'époque de la maturité arrive, communément, dans la première quinzaine du mois de juillet : dès qu'elle approche, il ne faut pas perdre le colza de vue ; un jour de trop, par une grande chaleur, peut amener une différence notable dans le rendement, car il faut éviter de laisser le colza arriver à une maturité complète. On s'assure du point convenable en examinant l'état des siliques et des graines : quand les siliques sont jaunâtres et les graines brunes, il est temps de procéder au faucillage ; si, par malheur, on laisse passer ce moment, il suffit du premier vent pour faire perdre une grande partie des graines, surtout par une chaude température, à cause de la facilité du colza à s'égrener à la récolte. Dès qu'il a été coupé à l'époque indiquée, on le met en meules pour qu'il achève de mûrir, condition qui se remplit alors parfaitement. La meilleure manière de récolter le colza est de le couper avec la faucille; on peut cependant faucher si les tiges ne sont pas trop fortes. Dans le cas où la température serait très-élevée au moment du faucillage, on agira sagement en ne le coupant que le matin, à la rosée. Après la récolte, on le dépose sur des attaches de paille, où il reste jusqu'au lendemain matin; on profite alors de l'humidité de cette partie du jour pour le lier en petites bottes et le mettre en meulerons, où il achève sa maturité : on l'enlève quatre ou six jours après pour le mener battre à la ferme.

Ceux, au contraire, qui veulent battre sur place ne doivent pas lier le colza; les moissonneurs se bornent à le mettre en petits tas que l'on retourne de temps en temps, avec précaution, si le besoin s'en fait sentir : huit ou dix jours après, on le ramasse sur des draps et on le porte sur l'aire; pour cela, on arrache toutes les racines sur une étendue donnée au centre du champ récolté. Cet emplacement est ordinairement carré, et on le nettoie en l'aplanissant à la pelle ou à la bêche. Sur ce carré, destiné à servir d'aire, on étend une grande toile de 10 à 15 aunes (6^m,9920 à 10^m,4880) de longueur sur autant de largeur; on bat sur cette aire ainsi préparée, sans crainte de perdre aucune graine; en outre, il faut avoir une douzaine de draps de la dimension des draps de lit, que l'on assujettit, par des attaches, à deux grandes perches : ces draps servent à aller chercher le colza vers les petits tas faits précédemment pour l'apporter sur l'aire à battre Ce battage exige deux ouvriers pour apporter et étendre le colza, sept pour le battre, un pour le retourner et, enfin, un dernier pour enlever le colza battu. Ces hommes avancent en rond en travaillant; quatre batteurs ouvrent la marche, ils sont suivis d'un homme qui retourne les tiges battues au moyen d'une longue fourche en bois; trois autres viennent battre les tiges retournées, et un dernier enlève rapidement, derrière eux, tout ce qui a été battu et le jette en dehors de l'aire : à mesure que la place devient libre, deux ouvriers apportent et étendent des tiges nouvelles, en donnant à l'étendage une forme circulaire. Ce travail ne doit éprouver aucune interruption; de là la nécessité de mettre à la portée des travailleurs tous les matériaux nécessaires; donc, pour qu'ils aient tout sous la main, les porteurs chargés d'aller chercher dans toutes les directions le colza coupé doivent déposer leurs charges dans le centre de la bande circulaire soumise à l'action du fléau : ces dispositions empêchent de mêler le colza battu et rejeté de l'aire avec le colza encore à battre. Le travail continue tant que les ouvriers peuvent y tenir, et les hommes, chargés chacun de leur spécialité, doivent se suivre pas à pas. Lorsque les siliques battues commencent à former, au centre de l'aire, une masse embarrassante, on les rassemble et on en fait un grand tas; après les avoir remuées avec un râteau pour les débarrasser de la semence, on les enlève vivement et peu à peu par coups brusques et saccadés, et on les projette contre une planche inclinée d'une longueur de 3 ou 4 pieds (939 millim. ou $1^{m},252$) sur 2 (626 millim.) de largeur. La différence de poids entre la graine et la balle fait que celle-ci, plus légère, passe par-dessus la planche, tandis que la graine, plus lourde, tombe à sa base et en dedans; enfin, et toujours avec le râteau, on reprend cette graine en la conduisant, par petits coups, vers le centre de l'aire, où elle arrive à peu près dépouillée et où l'on peut l'accumuler sans causer d'embarras. Le battage fini, on passe la graine à travers un crible grossier suspendu à un bâton que soutiennent horizontalement deux piquets; ce criblage débarrasse la semence de toutes ses enveloppes, et, lorsque ce nettoyage est fini, on met la graine en sac pour la mener à la ferme. Pendant que les hommes sont occupés à cette opération, les femmes, de leur côté, lient la paille et remplissent les sacs avec les siliques et les criblures que l'on peut utiliser.

Si le temps est favorable, le battage en plein air marche rapidement et à souhait; mais, dans la circonstance contraire, on est assailli de tant d'inquiétude, qu'alors le battage en grange est de beaucoup préférable. Le battage ne doit se faire que lorsque le colza est sec; mais s'il est humide, on le transporte à la ferme pour l'y laisser ressuer en tas. Dans cet état, il ne faut rien craindre pour la graine;

lors même que les siliques commenceraient à pourrir, il n'y aurait que ces dernières de perdues.

On peut encore mettre le colza en grandes meules longues au milieu des terres, les sommités des tiges toujours tournées en dedans et le tout couvert de paille; cette ressource est bonne par un mauvais temps, et, lorsque celui-ci continue, on peut laisser s'écouler, en toute sécurité, jusqu'à un mois, en attendant un moment propice au battage.

L'engrangement du colza non battu demande beaucoup de précautions; les voitures doivent être garnies, à cet effet, d'un drap de 11 à 12 aunes (7^m,6912 à 8^m,3904) de longueur sur 6 aunes (4^m,1952) de large; on charge avec soin, et l'on dispose les plantes de façon que les extrémités coupées ressortent au-dessus des échelles du chariot. Le cultivateur qui n'apporte pas une grande surveillance à ce charroi s'expose à de graves préjudices.

Une fois en grange, on sépare d'abord la graine de la balle grossière seulement, et on la porte au grenier; là, on l'étend en couches légères et on la remue tous les jours jusqu'à ce qu'elle soit complétement sèche; plus tard, si l'on veut la préparer pour la vente, on la débarrasse de sa balle fine en la passant au tarare.

Comme la graine perd beaucoup de son volume par la dessiccation, il est bon de ne battre le colza qu'au moment de la vente, ce qui peut très-bien se faire si l'on a eu soin de le mettre en grandes meules comme nous venons de le dire.

Extrait du journal de Seefried. Flandre, 30 *juin*. — Aujourd'hui j'ai assisté à une récolte de colza ; vingt personnes ont expédié environ 4 morg. de Magdebourg (102 ares) depuis trois heures du matin jusqu'à six heures du soir. Chaque ouvrier coupait sur une planche formée de huit raies de charrue ; il leur était expressément recommandé de ne pas saisir trop de tiges à la fois, parce qu'alors elles sont plus difficilement coupées, et que l'ébranlement qu'on leur occasionne fait tomber beaucoup de graines.

Seefried ajoute que, lorsque le temps est beau, on travaille la nuit et le matin jusqu'à ce que la rosée ait disparu, et qu'on se repose le jour. Chaque ouvrier étend sur sa planche, en une seule ligne, tout ce qu'il a coupé ; si la récolte est forte, il fait deux rangées au lieu d'une, en mettant les sommités en dehors et les pieds des tiges en dedans, de manière à se ménager entre ceux-ci un espace qui lui permette d'agir librement. La faucille dont on se sert est arrondie en demi-cercle, petite, étroite et à dents de scie dirigées vers le manche de l'instrument. Un emplacement, dit-il, préparé d'avance reçut la récolte entière, qui y fut emmeulée le 3 juillet.

Une des raisons pour lesquelles, en Flandre, on entasse le colza, c'est que l'on veut achever la maturité des graines et leur laisser prendre une belle couleur noire tout en les empêchant de se racornir, ce qui les déprécierait à la vente. On achète toujours plus cher le colza emmeulé que celui qui ne l'a pas été, parce que l'huile de ce dernier ne vaut jamais celle qu'on obtient du premier. Le colza, dit Seefried en terminant, fut battu le 1er septembre seulement.

Hinz, au sujet de l'emmeulement, rapporte que du colza coupé depuis trois jours fut mis en meules sur une grande place choisie, à cette intention, au milieu du champ, égalisée à la bêche et couverte de paille; quatre filles, deux à deux, nouaient des draps contenant les tiges, que deux hommes transportaient vers les meules. Le colza, pris à brassée, fut d'abord mis debout, et sur cette fondation on disposa le reste en couches, les graines en dedans et les tiges en dehors. Les meules avaient une hauteur de 5 à 6 pieds (1^{m},565 à 1^{m},878). On les bat souvent longtemps après.

§ 9. *Produit.*

Le colza, exposé à beaucoup de circonstances éventuelles, donne un produit qui peut aller jusqu'à 15 scheffels (8 hectol. 235) par morg. (25 ares 50 cent.) : la quantité moyenne est ordinairement de 8 à 9 scheffels (4 hectol. 392 à 4 hectol. 941) par morg. (25 ares 50 cent.). En 1826, des essais comparatifs de colza semé à la volée et de colza semé en ligne ont donné, à Hohenheim, les résultats ci-après :

a. Le colza semé à la volée a rendu 10 scheffels

et demi (5 hectol. 764) par morg. prussien (25 ares 50 cent.).

b. Le colza semé en ligne a produit 12 scheffels un quart prussiens (6 hectol. 725) par morg. (25 ares 50 cent.).

Différence, 1 scheffel trois quarts (960 décilit.) ou 17 pour 100 en faveur du second.

Le rendement moyen du colza semé en ligne à Hohenheim, pendant les cinq années de 1825 à 1829 inclusivement, a été de 13 scheffels prussiens (7 hectol. 137) par morg. (25 ares 50 centiares); il faut convenir, d'ailleurs, que ces cinq années ont toutes été favorables à la végétation du colza.

Riethmeyer dit qu'en 1825 la récolte, en Flandre, a donné 14 scheffels et demi prussiens (7 hectol. 960) par morg. (25 ares 50 cent.), ce qui est considéré comme un bon résultat dans ce pays-là. Outre les graines, le colza donne encore une grande quantité de balles qui, lorsqu'elles n'ont pas été moisies par la pluie, ont beaucoup de valeur comme fourrage d'hiver pour les vaches, les moutons et les chevaux. Ces balles remplacent avec avantage la paille hachée; car non-seulement elles épargnent le temps et le travail que demande cette préparation, mais encore elles sont plus nutritives et consommées avec plus de plaisir par le bétail, surtout quand elles sont arrosées d'eau chaude et mélangées avec les marcs de distilleries d'eau-de-vie; en outre, elles ont la propriété de se conserver aisément pendant l'hiver entier. La balle de colza ne peut servir de fourrage lorsque la récolte a ressué en meules. Une riche production de tiges donne, lorsque ces tiges sont fortes, de bonnes cendres d'amendement; plus faibles, elles servent de litière; mélangées à d'autre paille, elles sont utilisées à la toiture des maisons, et leur durée, dans cet emploi, surpasse celle des toitures en chaume ordinaire. Outre l'huile que donne la graine au pressoir, la récolte d'un morg. (25 ares 50 cent.) de colza bien réussi fournit encore 3 et demi à 4 quintaux (163 kilog. 66 à 210 kilog. 42) de tourteaux, dont la valeur, comme engrais, forme un équivalent de 25 à 32 quintaux (1,169 kilog. à 1,496 kilog. 32) de fumier.

En faisant la somme de tous ces avantages, on peut admettre que le colza est capable de rendre à la terre autant que celle-ci lui a donné *, et qu'ainsi la crainte de se ruiner par une culture bien entendue de cette plante n'est qu'une chimère; de plus, comme nous l'avons fait remarquer, il n'y a pas de précédent qui cause moins de dommage aux céréales que le colza : sur ce point, tout le monde est d'accord; il en est même qui le mettent à côté de la jachère pure, et l'expérience a prouvé, dans plusieurs localités, que le froment ou l'épeautre réussissaient souvent mieux sur colza que sur jachère; il

* M. Crud assure, au contraire, que le colza appauvrit le sol plus qu'aucun autre produit. Selon son expérience, chaque hectolitre de colza absorbe, dans le sol, 933 kilog. de fumier de bonne qualité, et il ajoute que, d'après M. de Voght, cette absorption pourrait s'élever à 995 kilog. (*Note du trad.*)

est également constaté que l'épeautre est médiocre après le chanvre, mais qu'il vient très-bien lorsque, entre lui et le chanvre, on intercale un colza. On peut conclure de ceci que non-seulement cette récolte n'est pas épuisante, mais même que, dans certaines conditions, elle peut être améliorante *.

B. *Colza d'été.*

Le colza d'été remplace le précédent lorsque celui-ci a été détruit par l'hiver : si les circonstances permettent de le fumer plus abondamment que l'autre et de donner au sol les préparations les plus soignées, son produit peut être riche; mais tout peut manquer si la floraison n'est point favorisée d'un beau temps. On sème depuis le commencement jusqu'au milieu d'avril. Ce colza paraît supporter beaucoup mieux l'humidité que celui d'hiver, et on l'a vu réussir très-bien sur des étangs marécageux nouvellement desséchés, où il avait été semé, mais non repiqué; il est, d'ailleurs, traité absolument comme le colza d'hiver.

C. *Navette d'hiver.*

Cette plante appartient, comme le colza, à la

* Le colza est encore employé en vert comme fourrage hâtif, dix à douze jours avant la luzerne ; en outre, il donne plusieurs coupes dans une année. On le sème aussi pour l'enterrer comme engrais vert, et, sous ce rapport, il est éminemment recommandé par différents auteurs. *(Note du trad.)*

famille des choux ou crucifères; le colza est probablement une variété de la rave d'eau, tandis que le chou proprement dit a, sans doute, donné naissance à la navette. On se gêne peu à l'égard de cette plante, et on la sème fréquemment dans les chaumes de seigle, sans même la fumer : la semaille peut être faite quelques semaines après celle du colza d'hiver; elle ne supporte pas le repiquage, mais, en revanche, elle craint moins la gelée : un hersage au printemps lui fait beaucoup de bien. Elle fleurit et mûrit peu de temps avant le colza, et sa graine est plus petite et plus rustique que la graine de celui-ci ; elle endure mieux que lui le fauchage.

Note de M. Pabst. — A circonstances également favorables pour tous deux, la navette ne produit jamais, en moyenne, autant que le colza; mais, lorsque l'exposition est froide et le sol médiocre pour ce dernier, la navette mérite la préférence à tous égards, parce qu'elle résiste mieux aux intempéries : ce n'est pas une raison, cependant, pour la cultiver sur un terrain pauvre et sans vigueur, car alors on y serait trompé *.

* En France, certaines localités à terre de fertilité moyenne cultivent la navette en même temps que le colza ; elles ont retiré de grands profits, surtout dans ces dernières années, de la culture de cette première plante. La navette s'est montrée rustique et a donné une récolte entière, tandis que le colza gelait et périssait sous les atteintes du puceron. On doit reconnaître, à la vérité, que le produit en graines de la navette est inférieur à celui du colza ; mais aussi elle se vend toujours plus cher. (*Note du trad.*)

D. *Navette d'été.*

La navette d'été sert à pallier, le plus souvent, une semaille manquée de navettes d'hiver; on en fait néanmoins, dans quelques endroits, l'objet d'une culture spéciale et étendue : sa végétation, qui est très-rapide, ne demande que douze à quatorze semaines. Comme toutes les plantes oléagineuses, elle aime une bonne fumure et de fréquents labours; on peut, sous ce rapport, la contenter d'autant plus facilement qu'on ne la sème que dans la dernière semaine de juin. La semaille considérée comme la meilleure se fait trois jours avant et trois jours après la Saint-Pierre : la navette d'été réussit surtout sur une terre écobuée. On sème par morg. de Magdebourg (25 ares 50 cent.) 1 *metz* un quart (4 lit. 28) de graines, c'est-à-dire un peu plus dru que pour les autres plantes oléagineuses : sa maturité tombe vers la fin du mois de septembre, époque à laquelle on la fauche pour la rentrer et la battre six à huit jours après. Une bonne récolte donne 6 scheff. pruss. (3 hect. 294); une très-bonne récolte, 8 scheff. pruss. (4 hectol. 392) par morg. (25 ares 50 cent.) : on la fait suivre ordinairement par du seigle semé sur un seul labour.

CHAPITRE IV.

PAVOT.

Le pavot est une des plantes oléagineuses que l'on cultive sur une grande échelle; il a l'avantage, comme culture de printemps, de donner un produit considérable, dont la valeur est souvent égale à celle du produit moyen d'un colza d'hiver.

Il demande un terrain doux et fort, exposé favorablement et à l'abri du froid. Les façons qu'il faut lui donner sont, le plus communément, à la main, et doivent être très-soignées.

On fait succéder le pavot aux céréales, au chanvre ou aux pommes de terre. Le chanvre devant être fortement fumé, il est inutile de fumer de nouveau pour le pavot qui lui succédera. Le meilleur des précédents est la pomme de terre, parce qu'après elle le pavot trouve un terrain meuble et propre, ce qu'il aime beaucoup. On fume fortement la pomme de terre dans cette prévision, et le sol se trouve alors dans un parfait état de culture. Le pavot, venant après céréales, a besoin d'être fumé par huit à neuf voitures à quatre chevaux de fumier par morg. (25 ares 50 cent.); ce fumier, le plus souvent, est amené avant l'hiver, mais, à la rigueur, il peut n'être amené qu'au printemps : en tout cas, il est nécessaire de donner un labour après l'enlèvement de la récolte du blé, et deux autres labours après l'hiver.

On sème sur le guéret et l'on herse après pour affiner le sol ; une façon au rouleau achève le travail. On ne saurait semer assez tôt le pavot *, et l'on répand aussi peu de graines que possible, 3 à 6 loth. (3 gr. 50 à 7 gr.) par morg. (25 ares 50 cent.). Comme il serait difficile de répartir uniformément sur cette surface une aussi petite quantité de semence, on la mélange avec une partie de terre et deux parties de sciure de bois.

Quand les jeunes plantes ont percé la couche arable, on procède au sarclage et à une façon à la houe à main, travaux que l'on ne doit confier qu'à des ouvriers intelligents. Les plantes, dès qu'elles ont atteint une hauteur de 3 à 4 pouces (78 à 104 millim.), sont houées une seconde fois et éclaircies de manière à être espacées de 1 pied (313 millim.) à peu près en tous sens. Lorsque, enfin, le pavot a 1 pied (313 millim.) de hauteur, on le butte légèrement, en donnant de l'appui à sa tige pour la protéger contre le vent. Cette culture peut être beaucoup simplifiée par la semaille en ligne.

Le pavot est, comme les autres plantes, soumis à

* M. Crud regarde une semence hâtive comme tellement importante pour le pavot, qu'il recommande de semer dès qu'on peut entrer dans les champs après l'hiver, et même de semer sur la neige. (*Note du trad.*)

des influences désastreuses. Son ennemi le plus terrible est la nielle, dont il est souvent attaqué dans les années humides. Les mulots lui font aussi une guerre acharnée; tant que les têtes ne sont pas sèches, ils rongent les tiges par le bas et font ainsi tomber et périr la graine. Les oiseaux peuvent également lui causer beaucoup de dégâts.

La manière de récolter le pavot dépend de sa variété. La variété à tête ouverte paraît être la plus riche : on la cultive presque exclusivement dans les Pays-Bas et dans quelques contrées de l'Allemagne. Toutes les têtes ne mûrissent pas à la fois; celles qui sont les plus avancées s'ouvrent à la maturité et peuvent, au moindre coup de vent, laisser tomber toutes leurs graines. Aussitôt, donc, qu'en visitant le champ on a reconnu que cette première maturité est sur le point de s'accomplir, on s'y rend avec des sacs dans lesquels on secoue les têtes; on arrache ensuite les tiges que l'on met en tas, exposées au soleil, pour y achever leur maturation. D'ordinaire, on se sert, en premier lieu, de draps étendus à terre, et c'est sur eux que l'on secoue tout ce qui veut tomber des têtes de pavot; après quoi, on met en tas : six ou huit jours plus tard, lorsque la maturité est complète, on secoue de nouveau pour faire tomber le reste. Dans les petites cultures, on prévient cette époque et on coupe toutes les têtes de pavot indistinctement; des sacs en sont remplis, et on les expose à l'air et au soleil pour les égrener ensuite sur un drap et recueillir toutes les semences.

La récolte du pavot à tête fermée offre moins de difficultés. On l'arrache simplement avec ses racines et on le fait sécher, sur le champ même, en faisceaux assez forts pour résister au vent ; on les attache par les sommets avec des liens de paille et, quand toutes les têtes sont bien desséchées, on les mène à la ferme, où on les ouvre sans perdre de temps. L'égrenage, auquel on emploie des femmes et des enfants, se fait à la main, en ouvrant les têtes au-dessus d'une longue caisse ou d'une corbeille tapissée d'une toile. Il ne faut pas battre le pavot, parce qu'il est alors difficile de nettoyer la graine de la poussière qui s'y attache *. La semence, dans certaines localités où la culture se fait en petit, est immédiatement mise en sacs, et peut être conservée en cet état aussi longtemps qu'on le veut; seulement chaque sac doit être debout et isolé. Dans une culture en grand, la graine est étalée très-légèrement dans de bons greniers, où on va la retourner et l'aérer selon les besoins.

Un pavot bien réussi peut donner 10 scheff. prussiens (5 hectol. 490) de graines par morg. (25 ares 50 cent.); mais, en moyenne, il ne faut pas compter

* Le battage au fléau a encore l'inconvénient de mêler à la graine des brins de la cosse, qui est narcotique et amère. Ces brins rendent l'huile tout à fait impropre au service de la table et souvent même très-incommode pour l'éclairage par suite de l'odeur nauséabonde qu'ils occasionnent. *(Note du trad.)*

sur un rendement de plus de 6 et demi à 7 scheff. (3 hectol. 568 à 3 hectol. 843). Un scheff. (549 décilit.) de graines fournit 26 livres (12 kilog. 96) d'huile, connue dans le commerce sous le nom d'*huile d'œillette :* elle vaut un cinquième de plus que l'huile de colza. Le pavot donne aussi plus de tourteaux que le colza ; ces tourteaux sont excellents pour l'engraissement des porcs.

Les tiges de pavot ont également leur valeur; on estime leur rendement de 180 à 190 bottes par morg. (25 ares 50 cent.). Dix à douze bottes suffisent à chauffer une chambre ordinaire, et quinze à seize à une chambre plus grande. La cendre qui en provient passe pour la meilleure connue et se vend 2 thalers (7 fr. 40) le sac.

Comme on ne possède pas partout des pressoirs spécialement destinés à l'huile fine, on peut, à la rigueur, se servir, pour le pavot, des pressoirs à colza ; seulement il faut avoir des sacs particuliers pour renfermer la graine, ou s'entendre à ce sujet avec le fabricant d'huile. On fait bien nettoyer les pierres et les caisses du pressoir, et l'on garde la première huile pour le personnel de la ferme. Le pressage à froid donne la meilleure. On obtient une huile de seconde qualité par le pressage à chaud : il faut éviter de mélanger ces deux huiles.

CHAPITRE V.

DE QUELQUES AUTRES PLANTES OLÉAGINEUSES.

a. Rutabaga ou navet de Suède.

Le navet de Suède mérite l'attention parmi les plantes oléagineuses cultivables, parce qu'il donne de la bonne huile, en grande quantité, et qu'il craint peu la gelée. Des essais faits en grand ont produit des récoltes supérieures à celles du meilleur champ de colza. Mais, comme la racine commence à pourrir aux approches de la maturité de la graine, qu'elle éclate et que les tiges les plus faibles tombent, il faut, auparavant, par des semis répétés, arriver à créer une variété à racines plus durables *.

Il serait à désirer que l'on fît plusieurs expériences dans ce but.

b. Tournesol.

Le tournesol donne une huile de bonne qualité ;

* M. Crud ne conseille point la culture du rutabaga uniquement pour en obtenir de la graine et en faire de l'huile, qu'il considère comme inférieure en quantité et en qualité à celle du colza ; mais, comme fourrage, il le recommande de toutes ses forces, surtout pour les localités à climat tempéré. Dans les expositions à l'abri des fortes sécheresses, dont le rutabaga redoute les atteintes, il donne des produits aussi abondants que ceux de la betterave, et qui peuvent s'élever à 50,000 kilog. de racines par hectare, équivalant à 21,550 kilog. de foin. *(Note du trad.)*

le feuillage et les tiges molles peuvent servir de fourrage aux moutons et aux bêtes à cornes, et les tiges plus ligneuses au chauffage. Du reste, cette plante, exigeant des soins très-minutieux, convient mieux à la culture jardinière qu'à la culture des champs; sa graine, d'ailleurs, est très-difficile à obtenir.

c. *Cameline.*

Cette plante procure quelquefois de grands produits; mais son huile est peu estimée à cause de sa mauvaise odeur. La cameline sert, comme culture auxiliaire, dans les petites fermes, où on la sème parmi les navets. On confectionne de très-bons balais avec les tiges; quelques personnes en nourrissent le bétail. Elle ne doit pas être recommandée dans les grandes cultures.

Note de M. Pabst. —Admettons, comme Schwerz, qu'il faille rejeter la cameline, il n'en est pas moins avéré qu'elle est cultivée en grand dans plusieurs contrées, telles que la Saxe, la Poméranie, etc., et l'on peut dire, en faveur de cette plante, qu'elle réussit bien, même sur des terres sablonneuses, et qu'elle donne un produit relativement assez élevé. On la sème souvent sur des champs où le colza d'hiver a été tué par les froids. Le plus grand reproche qu'on puisse faire à la cameline, c'est qu'elle épuise beaucoup le sol et qu'elle est un mauvais précédent pour les céréales.

d. Raifort de Chine.

Ce raifort ne mérite pas toutes les louanges dont il est l'objet depuis nombre d'années. Sa floraison est continue; il promet beaucoup et tient peu. Ce n'est qu'avec la plus grande difficulté qu'on sépare les graines de leurs balles. Il faut avouer, cependant, que les moutons le mangent avec une grande avidité et qu'il rend une forte quantité de fourrage; considéré comme tel, il pourrait être utile, et il serait désirable que l'on fît des expériences sur lui. On sème ordinairement au printemps; mais on peut semer aussi avant l'hiver, bien qu'il soit douteux qu'il puisse résister au froid.

e. Moutarde blanche ou anglaise.

La moutarde blanche a, comme graine oléagineuse, quelque mérite; c'est une plante rustique, qui ne craint pas les insectes, mais qui souffre souvent de la nielle. Bien que sa graine s'obtienne facilement au battage, elle ne tombe pas par les vents les plus forts; elle n'a donc pas le désavantage de la moutarde noire, qui se ressème malgré le cultivateur. Elle ne mûrit que quinze à seize semaines après la semaille, qui doit suivre toujours celle des céréales de printemps. Cette plante verse aisément, à cause de la pesanteur de sa couronne, mais sans en éprouver aucun préjudice. La graine donne beaucoup d'huile, qui ne peut être employée à la nourriture de l'homme, mais très-bien être utilisée à tous les autres besoins domestiques. La plante, quand elle est jeune encore, se mange en guise de légume ou en salade, et se donne comme fourrage aux bestiaux, qui en sont très-friands. En Alsace, la moutarde blanche produit de 10 à 12 scheff. prussiens (5 hectol. 490 à 6 hectol. 588) par morg. (25 ares 50 cent.).

CHAPITRE VI.

TABAC.

Le tabac est une de nos plus importantes plantes commerciales, et la louable habitude de fumer et de priser, qui fait, de jour en jour, de plus nombreux adeptes parmi nos dignes compatriotes, ne diminuera pas de sitôt la facilité avec laquelle s'écoule ce produit.

On verra beaucoup mieux les emplacements qui conviennent au tabac lorsque nous expliquerons les principales manipulations dont il est l'objet.

Il n'existe que deux espèces de tabac : le tabac à feuilles lancéolées, connu sous le nom de tabac de *Virginie*, et le tabac *turc*, à feuilles obovales : ce dernier est moins délicat que l'autre, mûrit de meilleure heure et se cultive généralement dans l'Allemagne du nord. Le tabac de Virginie et surtout ses variétés de première qualité produisent le meilleur tabac à fumer. Au surplus, les qualités dépendent beaucoup de l'exposition du sol et du traitement.

§ 1er. *Sol.*

Le tabac prospère sur tous les terrains, excepté sur la glaise lourde, le sable aride, et les terres creuses et humides de marais; néanmoins il préfère une argile sablonneuse, douce et contenant beaucoup d'*humus*. Il réussit très-bien encore sur un rompu nouveau, spécialement sur des terres récemment défrichées. Planté sur un gazon ou sur un trèfle fraîchement retourné, il se distingue par la grandeur et la perfection de ses feuilles. Une luzernière de plusieurs années est une place qui lui est aussi très-favorable. On ne doit pas toujours, dans le tabac, s'attacher à la quantité du produit, mais bien à la qualité, qui dépend en partie du sol. Il est probable que les terres les plus douces donnent un tabac dont les propriétés leur ressemblent, et qui, par conséquent, est bon à fumer, tandis qu'un terrain fort et un peu humide ne doit guère produire que du tabac à priser.

On prétend que la supériorité des tabacs américains est due à ce qu'ils sont cultivés, sans engrais, sur les terrains vierges chargés d'humus de forêts brûlées.

§ 2. *Place dans la rotation.*

La place dans la rotation a déjà été indiquée, pour ainsi dire, dans les lignes précédentes : ajoutons que le tabac est plus souvent cultivé après céréales qu'après trèfle ou pâturage, quoique, dans ce cas, il réussisse très-bien. Il est ordinairement placé dans la jachère de l'assolement triennal. Lorsque l'exposition est favorable, que le sol est doux et bien cultivé depuis longtemps, on peut planter le tabac, dans la même année, après une première coupe de trèfle ou après un fauchage de vesces semées de bonne heure. Dans le Palatinat, on fait précéder volontiers le tabac par des récoltes jachères sarclées, telles que le maïs et la betterave ; il trouve là une terre propre et bien travaillée. La rotation est, le plus souvent, celle-ci :

1. Tabac ;
2. Épeautre ;
3. Orge ;
4. Trèfle ;
5. Épeautre ;
6. Betterave ou pomme de terre ;
7. Enfin tabac.

Ou bien :

1. Tabac ;
2. Épeautre ;
3. Épeautre ;
4. Tabac ; et ainsi de suite.

Tous les fruits prospèrent après le tabac et profitent de la forte fumure et des sarclages soignés qu'on lui prodigue. Sur terre douce, ils n'ont même pas besoin d'un simple labour ; cela est si vrai, que souvent, une fois le tabac enlevé, on arrache les souches restées en terre, et que l'on sème, sans autre préparation, de l'épeautre ou du froment, qui sont enfouis avec ces mêmes souches par un labour suivi d'un hersage ; on ne s'inquiète pas de celles que la herse peut ramener à la surface, on les laisse pourrir sur le sol.

Le tabac ne se craint pas ; aussi, dans quelques localités, il vient, sans interruption, plusieurs années de suite sur la même place : dans d'autres, on ne le fait revenir que tous les trois, six ou neuf ans.

Cette fréquence de retour peut, il est vrai, faire perdre aux feuilles une partie de leur étendue, mais non pas de leur poids, parce qu'elles deviennent plus grasses, et que, en outre, elles perdent à la dessiccation 5 à 6 pour 100 de moins que les autres. Quant à l'influence qu'exerce le retour fréquent sur la qualité, on s'accorde généralement à reconnaître qu'elle y gagne, et même que son goût âcre et mauvais diminue de plus en plus. Ceci contredit les opinions émises, dans la description de la culture de l'Alsace, sur les désavantages du retour fréquent ; ces opinions sont, en effet, dénuées de fondement, comme le prouvent les expériences faites dans le Palatinat, dans le pays de Clèves et dans les Flandres. L'âcreté du tabac provient sans doute des engrais forts que l'on emploie dans sa culture, surtout lorsqu'elle se fait sur une terre affaiblie par une récolte épuisante, comme une céréale, tandis que cette âcreté doit se perdre lorsqu'il revient tous les ans, et cela à cause de la moindre quantité d'engrais employés, ainsi que le démontre la pratique.

§ 3. *Fumure.*

Si l'on vise plus à la quantité et au poids qu'au bon goût du tabac, on peut fumer de préférence avec des engrais de mouton ou des matières fécales; le fumier de cheval lui donne, dit-on, une odeur repoussante, au lieu que le fumier de vache améliore et l'odeur et le goût *. Celui-ci et, mieux encore, les engrais végétaux conviennent donc particulièrement au tabac à fumer. La colombine, à petites doses, remplit le même but dans les Pays-Bas. On cite encore, comme très-bons engrais, le malt, la cornaille et le purin; mais ce ne sont que des auxiliaires servant de supplément aux engrais solides. Le Flamand fait fondre des tourteaux d'huile dans le purin.

On ne saurait assez fumer pour le tabac cultivé en terre forte. En terrain léger, la fumure doit être appliquée avec plus de prudence et surtout de très-

* Van Aelbroeck affirme que ceux qui peuvent employer du fumier de mouton ou de porc récolteront le meilleur tabac.
(*Note du traducteur.*)

bonne heure; car, par une haute température, le tabac mûrirait avant le temps.

En Flandre, on conduit sur 1 morg. prussien (25 ares 50 cent.) dix-sept à dix-huit charges à deux chevaux de fumier bien consommé, et à peu près cent cinquante cuves de purin dans lequel on a fait fondre 20 à 24 quintaux (935 kilog. 20 à 1,122 kilog. 24) de tourteaux d'huile. Une terre ainsi fumée est, après le tabac, dans un état tel qu'elle peut, sans autre fumure, produire d'abord du colza et du pavot, et, pendant deux années suivantes, des céréales. En Alsace, la dose de fumure par *morg.* (25 ares 50 cent.) est, en moyenne, de huit à neuf charges à quatre chevaux de bon fumier d'étable. Lorsqu'on remplace celui-ci par des matières fécales, la moitié peut suffire. Si la fumure donnée est un mélange de fumier d'étable et d'engrais humains, le tabac en profite en proportion; mais l'orge cultivée la troisième année d'après est beaucoup moins belle que lorsqu'on ne s'est servi que du fumier d'étable. Le fumier, en Alsace, n'est pas porté immédiatement de la fosse aux champs; on en fait auparavant des tas que l'on humecte et que l'on remanie à plusieurs reprises. Si l'on ne dispose que de fumier long, il est bon de le répandre sur le champ longtemps avant de l'enterrer.

La culture du tabac exigeant énormément d'engrais et ne rendant à la terre que quelques souches et racines, il s'ensuit qu'elle est très-épuisante et qu'on ne peut guère l'entreprendre qu'avec des avances considérables de fumier. On peut admettre que le tabac absorbe deux fois autant d'engrais que le colza, et qu'il ne rend en valeur fertilisante que la moitié de ce que laisse ce dernier.

§ 4. *Pépinières.*

La finesse de la graine, la délicatesse de la plante encore jeune et sa végétation prolongée ne permettent pas, du moins dans nos climats, de semer le tabac sur place. Il est donc nécessaire d'avoir des pépinières; on les établit sur une bonne couche de fumier, ou on choisit un terrain bien préparé dans un potager entouré de haies.

En Flandre et dans une partie du Palatinat, les pépinières sont toujours formées dans des jardins où on arrange le sol à la bêche et où on enterre le fumier.

Les engrais préférés en Flandre pour fumure de pépinières sont les matières fécales et les tourteaux d'huile dissous dans l'urine. En Alsace, dans le Palatinat et dans beaucoup d'autres pays, la pépinière n'est autre chose qu'une couche établie dans une espèce de serre sans châssis à l'abri des vents rigoureux et bien exposée au soleil. Mais, avant de former la couche de fumier, on répand sur le sol un lit de cornaille que l'on charge d'une épaisseur de 2 pouces (52 millim.) de fumier de cheval recouverte à son tour de quelques pouces de terre. Cette disposition a l'avantage de fermer tout accès aux mulots. Les pépinières, en Alsace, sont établies en plein champ qu'on a fumé, l'année d'auparavant, avec des engrais de porc ou de cheval. Là on met également en couche avant de semer ; on entoure la couche d'une petite clôture en planches sans châssis, et on étend sur elle des paillassons ou des branches de sapin pour garantir du froid. Tant que la semence n'a pas germé, elle n'a rien à craindre de la gelée.

Les pépinières sont traitées en Hollande et dans le pays de Clèves avec beaucoup plus de soin : au reste, elles sont aussi établies sur couche; seulement cette couche est enchâssée dans une fosse creusée à 1 pied (313 millim.) de profondeur. On remplit cette fosse de fumier bien tassé jusqu'au niveau du sol, et au-dessus on répand 2 à 3 pouces (52 à 78 millim.) de terre fine prise dans le champ même où les plançons seront repiqués. On croit, à tort ou à raison, échapper par ce moyen à la rouille. Un cadre entoure la couche de fumier; il doit s'élever à 6 pouces (156 millim.) hors de terre et présenter une inclinaison du côté du soleil. La couche ne doit pas avoir plus de 6 pieds (1^{m},878) de largeur, pour faciliter les sarclages; on la recouvre d'un châssis à vitraux de papier enduit d'un peu d'huile de lin mélangée d'une petite quantité de litharge.

Il faut, pour le repiquage de 1 morg. (25 ares 50 cent.), une étendue de pépinières d'environ 100 pieds carrés (31^{m},300) du Rhin : cette superficie peut contenir à peu près dix mille plançons.

Dès que les couches sont préparées, on répartit la semence en la faisant passer à travers un tamis très-fin, ou en la répandant simplement avec les doigts aussi légèrement que possible. Il n'est pas facile d'indiquer la quantité qu'il faut semer. Dans le pays de Clèves on sème sur 1 morg. hollandais (25 ares 50 cent.) une quantité de semence capable d'être contenue dans quinze têtes de pipe belge, ce qui ferait cinq têtes de pipe par morg. prussien *. Cette semence si ténue doit être très-peu recouverte; on l'enterre avec précaution à la houe, ou bien on tamise sur elle un peu de terreau fin et de bonne qualité. On peut encore asperger la couche d'un peu d'eau; ce qui suffit pour enfoncer convenablement la graine dans le sol. Les châssis sont ensuite posés, et, tous les quatre jours, on vient les enlever pour arroser et on les replace; on continue ainsi jusqu'au neuvième jour, époque à laquelle les jeunes plantes se montrent d'ordinaire; alors on aère un peu plus. Quelques cultivateurs arrosent quotidiennement, jusqu'à ce que la semence ait levé, avec de l'eau dégourdie au soleil pendant plusieurs jours.

* On sème le tabac dans le mois de mars, tantôt dans la première quinzaine, tantôt dans la seconde, selon que la température est plus ou moins favorable. La quantité d'un huitième de litre semée sur une étendue de 3 3/4 à 5 1/2 centiares suffit pour planter 45 ares. Les plançons restent ainsi jusqu'au mois de juin. (Van Aelbroeck.) (*Note du traducteur.*)

§ 5. *Préparation du sol.*

Il faut donner au moins trois labours avant la plantation du tabac. Comme il aime un terrain frais, on ne pourrait, en supposant un bon sous-sol, labourer assez profond, et un sol aussi pulvérisé que possible lui étant indispensable, on ne doit épargner ni la herse ni le rouleau. Lorsque le champ a encore trois labours à recevoir, on amène le fumier : le premier labour l'enterre, le deuxième le ramène presque à la surface, et le troisième l'enfouit plus profondément que le premier, en le mélangeant au sol. De forts hersages sont aussi utiles au tabac que les labours et les engrais vigoureux.

En Flandre, on répand du purin sur le premier hersage. Quelques semaines après, on repasse la herse en long et en travers, tant pour détruire les mauvaises herbes qui pullulent toujours dans un terrain bien fumé, que pour assimiler aux molécules terreuses le purin que l'on vient d'amener mélangé de tourteaux et de matières fécales.

§ 6. *Plantation.*

Il faut planter le tabac lorsque les plançons ont poussé six à huit feuilles. L'époque de la plantation dure depuis la moitié du mois de mai jusqu'à la moitié du mois de juin. Il y a profit à planter de bonne heure parce que les feuilles d'une plantation tardive sont moins grosses et moins grandes que les autres. Une petite pluie ou un temps brumeux sont très-désirables alors; mais les fortes pluies et la sécheresse sont à craindre, à tel point que, dans le dernier cas, il est nécessaire d'arroser la plante. On arrache dans la pépinière les plants les plus forts, et, pour que les racines ne soient pas endommagées par l'extraction, on a soin d'arroser la couche le jour précédent. Deux ouvriers peuvent planter un morg. (25 ares 50 cent.) en huit heures; mais, s'il faut arroser auparavant, on prendra pour cela quatre personnes de plus, et, après avoir fait couler l'eau ou l'urine étendue d'eau dans les trous, on y place le plançon et l'on garnit sa racine avec de la terre meuble; ensuite on tasse légèrement et l'on achève de combler avec de la terre sèche.

La plantation se fait ordinairement au cordeau; les distances sont indiquées par de fortes ficelles nouées sur celui-ci. On espace les plantes de 12 à 24 pouces (312 à 624 millim.) du Rhin, suivant la force du sol et la variété du tabac. Les larges espacements * ont sur les petits beaucoup d'avantages, en ce qu'ils facilitent les travaux ultérieurs, tels que le pincement de la couronne et la récolte, opé-

* Cet espacement est porté à $1^m,2$ entre les lignes dans les contrées méridionales de l'Amérique. On couvre les plants repiqués d'une large feuille ou d'un abri quelconque, afin de les préserver de l'ardeur du soleil pendant les premiers jours qui suivent la transplantation. (*Note du traducteur.*)

rations qui, demandant beaucoup d'allées et de venues, exposent les feuilles trop rapprochées les unes des autres à être détériorées *. Quand les plants sont peu distancés, on se voit obligé de pratiquer des sentiers pour faciliter le travail. Il ne faut cependant pas exagérer l'éloignement des plantes en tous sens. Au delà de 2 pieds (626 millim.) il y aurait perte en récolte sans aucune compensation. En Flandre, on paraît avoir adopté, sous ce rapport, les distances les plus convenables. Deux rangées de tabac sont toujours espacées de 1 bon pied (313 mill.) du Rhin l'une de l'autre, et un intervalle de 1 pied et demi (469 millim.) sépare chaque plante de sa voisine; en outre, chaque double rangée, formant couple, est séparée des autres par un petit sentier large de 2 pieds (626 millim.).

Après la plantation, quelques pieds se perdent ou périssent plus tard mangés par les vers. Pour remplir ces vides, on a la précaution de planter, de distance en distance et entre les lignes, quelques pieds supplémentaires.

§ 7. *Traitement de la plantation.*

Aussitôt que les plants ont repris et que leur vé-

* Van Aelbroeck pense que la plantation un peu serrée, en faisant croiser les feuilles d'une rangée à l'autre, produit le bon effet d'ombrager la surface du sol et d'empêcher ainsi que l'ardeur du soleil ne fasse évaporer l'humidité et le suc nécessaires à la nourriture des plantes. *(Note du trad.)*

gétation se manifeste, c'est-à-dire huit ou dix jours après la plantation, on donne une façon au hoyau. Cette façon hâtive est d'autant plus utile qu'elle ameublit le sol tassé par le piétinement des ouvriers occupés à repiquer. On répète ce travail dix à douze jours plus tard pour extirper la mauvaise herbe. En Flandre, en même temps que ce sarclage, on fait entre les plantes de petits creux que l'on remplit d'une légère quantité de tourteaux d'huile ou de matières fécales, mélangés avec du purin : cette dernière fumure est surtout active. Peu après, on butte les pieds et on rassemble la terre des deux côtés des couples dont nous avons parlé, de manière à former un petit billon. Le buttage ne se donne, en Flandre, que lorsque les plants ont poussé la couronne porte-graine. Une façon au hoyau, sur un *morg.* (25 ares 50 cent.), demande quatre à cinq journées; un buttage, sept à huit. La plante pousse naturellement à la graine; à mesure qu'elle croît, elle allonge sa tige et donne naissance à des feuilles dont les dimensions diminuent au fur et à mesure qu'elles se rapprochent du sommet, et, dans ce but, elle emploie ses meilleurs sucs. Mais le but du cultivateur est tout autre; la semence n'est que secondaire pour lui, et il vise principalement aux feuilles qu'il veut bonnes, larges et pesantes. Pour arrêter les tendances de la plante qui sont contraires à ses vues, il a recours à un moyen qui consiste à étêter la plante et à supprimer sa couronne et ses feuilles. Cette opération se nomme *pincement*. Elle a lieu lorsque la tige a poussé dix à douze feuilles, outre les trois feuilles inférieures, c'est-à-dire cinq à six semaines après la plantation. Il faut y procéder avec soin pour ne pas déchirer ou endommager les feuilles qu'on laisse sur le pied, et surtout les feuilles supérieures qui sont les plus estimées. Il est important de ne pas apporter de retard à ce travail, afin que la tige ne monte pas trop haut, car alors les feuilles rapprochées du sommet deviennent de plus en plus rares et font perdre beaucoup à la plante entière par la forte évaporation à laquelle elles sont soumises dans les temps secs. Le plant *pincé* tend à remplacer par des jets latéraux la partie de tige enlevée ; le planteur doit alors le surveiller pour supprimer les rejetons dès qu'ils se montrent à l'aisselle des feuilles de la tige principale.

Plus tôt on fait le pincement, mieux les feuilles profitent, par la raison qu'alors elles attirent à elles toute la séve de la plante.

On réserve pour graines quelques pieds dont la végétation a été plus vigoureuse et plus hâtive que celle des autres. Il faut avoir soin de ne les dépouiller d'aucune feuille, de peur de nuire à la plante et à la graine qu'elle doit produire. La maturité ne peut quelquefois pas s'achever dans les années froides et humides ; dans cette circonstance, on enlève en automne les pieds avec la terre qui entoure les racines et on les porte dans une serre ou dans une chambre pour les y laisser mûrir. Les Hollandais transportent les pieds porte-graine, toujours choisis parmi les plus beaux, sur des couches épaisses de fumier de mouton et de matières fécales disposées à cet effet. C'est un exemple à imiter.

§ 8. *Ennemis et maladies.*

Le tabac craint les gelées précoces de l'automne, particulièrement désastreuses dans les bas-fonds; elles se font sentir même dans les simples dépressions d'un champ. Les feuilles dont les côtes sont atteintes par la gelée pourrissent et sont perdues. Lorsque après une gelée nocturne un champ de tabac prend une teinte brune ou rougeâtre, il est temps d'enlever la récolte.

L'orobanche (*orobanche ramosa*) est, dans certains pays, le fléau du tabac, sur les racines duquel il s'attache et dont il absorbe tous les sucs nutritifs *; les feuilles alors se penchent et se flétrissent comme par une sécheresse, et tout est perdu. Si les feuilles sont assez avancées avant l'apparition de l'orobanche, le dommage n'est pas considérable. On prétend que les tabacs venant sur des terres qui portent presque continuellement des céréales, comme

* Le nom allemand de l'orobanche (*Hanfwurger*, dévoreur du chanvre) provient sans doute de ce qu'elle a d'abord été remarquée sur le chanvre lui-même ; il est donc probable que cette plante en est attaquée comme le tabac, quoique Schwerz n'en ait pas fait mention précédemment. (*Note du trad.*)

dans la rotation triennale, sont infiniment plus exposés qu'ailleurs à cette parasite.

Le tabac peut encore être attaqué de la rouille. Cette maladie se manifeste par de petites taches couleur de rouille sur les feuilles; celles-ci se tourmentent alors, se dessèchent et tombent en poussière. La rouille peut être causée soit par une exposition et un sol vicieux, soit par des temps contraires; on ne connait aucun moyen de la prévenir.

§ 9. *Récolte.*

Le tabac, quand il est mûr, se couvre de taches d'un jaune huileux; on les aperçoit en tournant la feuille contre le soleil; celle-ci prend une consistance parcheminée, se ride et incline ses pointes vers la terre; toute la surface des champs devient jaunâtre, et l'odeur des plantes se fait sentir plus pénétrante. On reconnaît à ces signes le temps de la récolte et on ne doit le devancer que lorsqu'on craint la gelée; mais, dans ce cas, il y a toujours perte en poids et en qualité. Il faut également éviter de trop laisser mûrir, parce que les parties aromatiques, les huiles essentielles et le poids de la feuille se volatilisent et se perdent. L'époque ordinaire de la récolte tombe dans la seconde quinzaine de septembre.

Dès que l'humidité de la nuit a été pompée par le soleil, on arrache les feuilles en ayant soin de les séparer très-près de la tige; on les pose ensuite sur le sol, et l'on procède immédiatement au triage suivant leurs qualités. On distingue trois classes de feuilles : la première composée de grandes feuilles (*bestgut*) ; la deuxième comprenant les feuilles intermédiaires (*erdgut*) ; et enfin la troisième formée des feuilles les plus près du sol (*sandgut*). Souvent le cultivateur rejette ces dernières comme ayant peu de valeur.

Les feuilles arrachées sont posées à terre, les unes sur les autres, par paquets de douze que l'on porte sur une charrette, dont le fond et les côtés sont garnis de planches ; mais, si l'on manque, dans ce moment, de moyens de transport, on lie ces paquets avec de la paille préparée de distance en distance.

Les pieds, privés de leurs feuilles, recommenceraient à pousser de nouveaux bourgeons dans toutes les directions et épuiseraient ainsi le sol inutilement, si l'on n'avait le soin de les arracher sans retard ou de les couper à ras de terre.

On laisse aux pieds porte-graine leurs feuilles jusqu'à la maturité, qui s'annonce par la couleur noire des pointes des capsules. On arrache alors ces pieds et on les suspend, par les racines, dans un endroit sec, à l'abri des atteintes des rats et des oiseaux. La graine reste ainsi en capsules jusqu'à la semaille suivante.

§ 10. *Traitement des feuilles.*

Les paquets de feuilles amenés à la ferme ne doivent point y être entassés, attendu qu'ils ne tarderaient pas à s'échauffer; on se contente de les déposer les uns à côté des autres, et on les laisse en cet état deux à trois et même, au besoin, quatre jours, jusqu'à ce que les feuilles soient légèrement flétries : elles sont alors susceptibles d'être enfilées à la perche ou à la ficelle.

On procède à l'enfilage à la perche ainsi qu'il suit : on fait un choix de perches longues de 6 à 7 pieds (1^m,878 à 2^m,191), minces et néanmoins assez fortes pour ne pas ployer sous le poids des feuilles ; l'ouvrier prend les feuilles une à une, les pose successivement sur une petite planche qu'il tient sur ses genoux, et fait, à la base de la nervure dorsale, qui en est la partie la plus épaisse, un trou avec un couteau; il les met ensuite à côté de lui et continue ainsi, en les arrangeant toutes dans le même sens, jusqu'à ce qu'il en ait formé un paquet d'une certaine hauteur; il passe alors la perche à travers tous les trous, et, la relevant horizontalement, il espace les feuilles d'un demi-pouce (13 millim.), ou même de 1 pouce (26 millim.), si le séchoir n'est pas très-aéré.

L'autre enfilage se fait au moyen d'une ficelle, à l'un des bouts de laquelle est adaptée une aiguille longue de 1 pied (313 millim.). On perce simplement, avec cette aiguille, les feuilles dans leur partie la plus solide, en les espaçant sur le cordeau, comme on l'a indiqué pour l'enfilage à la perche. La longueur de ces ficelles, comme celle des perches, doit être déterminée par l'étendue du séchoir ; en tous cas, cette étendue ne doit pas être trop grande, afin de permettre aux cordeaux ou aux perches de supporter leurs charges. Les feuilles enfilées ne sont pas immédiatement portées au séchoir, mais on les suspend à la saillie des toits ou à des arbres, après avoir réuni les deux extrémités des cordeaux en forme d'anneau ; on les laisse ainsi quelque temps se débarrasser de leur excès d'eau et on ne les rentre que successivement, selon que les séchoirs sont plus ou moins spacieux.

Les Américains ont une manière plus commode de faire sécher leurs tabacs ; ils coupent les plants à ras de terre et les accrochent, avec toutes leurs feuilles, à de longs cordeaux, au moyen d'une entaille faite à la base de la tige. Cette méthode est préconisée par plusieurs auteurs ; mais nous donnons la préférence à l'enfilage à la perche, même sur l'enfilage au cordeau, qui serre toujours trop les feuilles et les fait moisir et pourrir le plus souvent faute d'air.

Les planteurs en grand peuvent seuls avoir des séchoirs, à cause de l'importance de leur culture ; les petits planteurs sont obligés de s'en passer et de faire sécher leurs feuilles dans leur grenier ou dans leur fenil : quoi qu'il en soit, le séchoir doit être à l'abri du soleil et du vent, tout en étant convenablement aéré. Les meilleurs séchoirs, et en même temps les plus simples, sont des hangars clos par des treillages au lieu de maçonnerie et dont les toitures sont percées, sur les deux versants, de lucarnes qui laissent circuler l'air : en place de treillage, on peut clore ces hangars avec des planches clouées horizontalement, à la distance de 1 pouce (26 mill.) l'une de l'autre.

Les séchoirs construits judicieusement présentent, des deux côtés un grand nombre de fenêtres que l'on peut ouvrir et fermer à volonté. Le système est organisé de manière à ce que, d'un seul mouvement, on en puisse fermer et ouvrir plusieurs à la fois ; cette disposition, qui permet de clore à propos, présente de grands avantages par un vent violent et surtout par un temps brumeux, car rien n'arrête le cours de la dessiccation et ne pousse à la pourriture comme de fréquents brouillards. Les cordeaux ou perches sont placés dans la direction des ouvertures et présentent ainsi un libre accès à la circulation de l'air.

Une dessiccation trop prompte est autant à craindre qu'une dessiccation trop lente. Lorsque, entre les feuilles ridées, apparaissent de petits points blancs (salins ou cristallisés), on peut être assuré que l'on n'a pas procédé convenablement à la dessiccation ou que le tabac est mauvais. Quant à la pourriture, elle gagne surtout les feuilles qui n'ont pas assez mûri et principalement celles qui sont restées vertes. Un peu de fumée, celle du genévrier par exemple, fait du bien au tabac pendant qu'il sèche et le garantit de la mauvaise influence du brouillard.

Le tabac est sec et peut être descendu au bout de huit à dix semaines. Le moment propice est arrivé lorsque la côte de la feuille est devenue assez tendre pour ne plus craquer sous la dent.

Le producteur retire de notables bénéfices s'il peut vendre alors sa récolte ; mais souvent il n'en trouve pas le placement, et il se voit forcé, dans cette circonstance, de la soumettre à une dernière manipulation, celle de la fermentation en tas (*brühhaufen*). A cet effet, on lie en paquet vingt-cinq ou trente feuilles, et on les porte au grenier, où on les retourne une fois tous les huit jours pour les empêcher de pourrir, et où on les visite jusqu'à l'arrivée des fortes gelées.

Il est plus sûr de laisser, comme en Alsace, les feuilles suspendues jusqu'aux premiers froids ; on les met alors en tas allongés hauts et larges de 3 à 4 pieds (939 millim. à $1^{m},252$) : ces tas sont établis dans un local où ils reçoivent l'air de tous côtés. Le tabac entassé commence à fermenter, et, quand on aperçoit dans l'intérieur des tas une forte chaleur, ce qui se produit d'ordinaire dans la troisième semaine, on les défait pour les reformer ensuite de nouveau, en ayant soin de mettre en dedans toutes les parties qui se trouvaient en dehors ; on répète encore une fois cette opération, à la fin de laquelle les feuilles devront être complétement ridées; lorsqu'enfin ce résultat est atteint, on en fait un tas haut et large que l'on recouvre de draps et de poids. Cette manipulation lui fait gagner en bonté et ne lui fait presque rien perdre de sa pesanteur.

Les Américains, aussitôt après la dessiccation, portent leur tabac dans des tonneaux isolés et exposés à l'air, où ils le foulent aussi fortement que possible : ce procédé l'améliore beaucoup.

§ 11. *Produit.*

Le produit moyen par morg. (25 ares 50 cent.) ne peut être évalué à plus de 8 quintaux (374 kil. 08), bien que quelques exemples montrent des récoltes deux fois aussi fortes. On ne recueille guère que 6 à 7 quintaux (280 kilog. 56 à 327 kilog. 32) par morg. (25 ares 50 cent.) sur les terrains peu fertiles. Rien ne varie comme le prix du tabac ; il dépend principalement de la quotité des impôts dont sont frappés les tabacs étrangers. Les qualités inférieures se vendent communément 4 à 5 rixd. (14 fr. 80 à 18 fr. 50) le quintal (46 kilog. 76) ; les qualités meilleures devraient se vendre au moins 7 à à 8 rixd. (25 fr. 90 à 29 fr. 60) en moyenne, pour que le planteur y trouvât un bénéfice.

Il est difficile que le tabac cultivé en grand donne des profits, si l'on met en ligne de compte la valeur des engrais, les frais considérables de travail et de main-d'œuvre, de dessiccation, de construction de séchoir, etc. Il en est autrement pour le petit cultivateur, auquel le tabac fournit le moyen d'employer avec avantage des bras trop nombreux pour son exploitation.

CHAPITRE VII.

PLANTES TINCTORIALES.

a. Gaude.

La gaude donne une couleur fort belle et d'un jaune durable : c'est une plante qui croît spontanément sur nos terres, mais dont la qualité a été améliorée par la culture; on la rencontre à l'état sauvage sur des plâtras, sur des murailles et sur des pâturages de régions élevées ; elle aime un sol meuble, calcaire et sec ; elle prospère aussi sur des argiles douces, sèches et sablonneuses, ou sur un sable argileux. Un sol bien fumé produit, à la vérité, des tiges fortes et élevées; mais elles ne sont pas aussi riches en matière colorante que les tiges provenant de terrains moins fertiles. Sur un sol maigre, la récolte de la gaude est trop inférieure pour qu'elle vaille la peine de s'en occuper.

La gaude est une plante bisannuelle, qui cependant peut être cultivée comme annuelle, lorsqu'on la sème de bonne heure au printemps. D'ordinaire, néanmoins, on sème dans l'arrière-été : elle passe alors l'hiver pour être récoltée l'été suivant; dans ce cas, elle reçoit le nom de gaude d'hiver.

Comme l'on ne peut perdre deux années entières pour une seule récolte, on sème la gaude après colza ou vesces fauchées en vert, ou bien, dans quelques localités, avec le trèfle dans une céréale d'été. La gaude cause peu de frais par ce dernier procédé, et n'endommage pas le trèfle, qu'elle dépasse d'ailleurs bientôt; seulement il faut, quand le moment de couper le trèfle est venu, le faire au moyen d'une faucille, afin d'épargner la gaude, que l'on arrache à peu près vers l'époque de la seconde coupe de trèfle. La gaude se plaît surtout à croître de compagnie avec le trèfle blanc.

La gaude d'été doit nécessairement être semée de très-bonne heure au printemps, dès qu'on n'a plus à craindre de gelée; pour cela on aura dû préparer le sol avant l'hiver. Une récolte de pommes de terre arrachées l'année précédente accorde les facilités les plus favorables pour abréger ces préparations.

La gaude ne demande pas un terrain fraîchement fumé; elle préfère un sol vigoureux, bien labouré et hersé le plus possible. La graine, qui est très-fine, ne peut supporter que peu de terre au-dessus d'elle, et il suffit de rouler légèrement pour l'enterrer. Il n'en faut que 8 à 9 livres (3 kilog. 68 à 4 kilog. 14) pour l'ensemencement d'un morg. prussien (25 ares 50 cent.), les plantes devant être espacées en tous sens d'un demi-pied (156 millim.).

Au milieu de juillet, les tiges commencent à jaunir et à perdre leurs fleurs jusque vers leurs sommités : c'est un signe de maturité. La gaude porte-graine a besoin de quelques semaines de plus, et il n'en faut laisser mûrir jusqu'à ce point que sur une faible étendue pour avoir une quantité de graines suffisante à l'ensemencement d'une grande terre. La semence la plus fraîche est la plus sûre.

La gaude est arrachée ou coupée à ras de terre. Sur un sol argileux, cette dernière manière vaut mieux, parce que la récolte est plus propre, étant purgée des particules terreuses qui ne manqueraient pas de rester dans les racines. On la laisse reposer sur le sol pendant quelque temps et on la lie en fortes javelles de 30 à 40 livres (13 kilog. 80 à 18 kilog. 40), et cela de façon que les racines soient aux deux extrémités de la javelle et que les sommités s'entre-croisent à l'intérieur; on perd ainsi moins de feuilles, de fleurs et de graines, qui toutes possèdent des matières colorantes. Le produit d'un morg. prussien (25 ares 50 cent.) peut s'élever de 10 à 15 quintaux (467 kilog. 60 à 701 kilog. 40), du prix de 6 thalers (22 fr. 20) le quintal * (46 ki-

* Dans ces derniers temps, ce prix a été réduit de moitié, et, dans les cultures soignées, on a obtenu des récoltes beaucoup plus considérables. (*Note de M. Pabst.*)

log. 76). La graine peut donner de la très-bonne huile; l'écoulement de la gaude est d'ailleurs assuré dans le commerce.

b. Pastel.

Le pastel est, comme la gaude, une plante spontanée croissant en beaucoup de lieux à l'état sauvage. Il donne cette couleur bleue fréquemment employée, il y a quelque temps, dans les teintureries; mais, depuis, l'indigo l'a remplacé avantageusement presque partout. La valeur du pastel, comme plante commerciale, en a été, par cette raison, beaucoup diminuée. Comme la gaude, on le sème de bonne heure au printemps ou au commencement de l'automne: de là le pastel d'été et le pastel d'hiver. Le pastel d'hiver, dans les terrains abrités contre les gelées, est d'une culture plus profitable que le pastel d'été, parce qu'il n'a pas, comme celui-ci, le désavantage de perdre à la récolte beaucoup de ses feuilles et d'être très-exposé aux ravages des insectes.

Si on veut obtenir du pastel une forte récolte de feuilles, on doit le semer sur un sol fécond seulement. Cultivé sur un sol maigre, il ne rembourse pas les frais et ne récompense pas le travail. Au reste, il importe peu que le sol soit plus ou moins argileux ou sablonneux, pourvu qu'il ait une couche assez profonde pour permettre à la racine pivotante de s'enfoncer. Les emplacements les plus favorables au pastel sont les défrichés bien travaillés et les anciens étangs desséchés.

Lorsque le sol n'a pas de la vieille force, qualité qu'il faut rechercher, on est obligé de le fumer beaucoup et même plus que pour le froment. Un champ propre et bien travaillé est une condition indispensable à la culture d'une plante, dont tout le produit consiste en feuilles coupées à plusieurs reprises, et dont l'emploi serait rendu difficile par un mélange de mauvaises herbes.

On sème 4 à 5 livres (1 kilog. 84 à 2 kilog. 30) de graines par morg. (25 ares 50 cent.) réparties très-uniformément et légèrement enterrées.

Les sarclages et les façons à la houe ne doivent point être oubliés pour le pastel. La façon à la houe sert à éclaircir les plantes en leur donnant à chacune un espace libre d'un demi-pied (156 millim.) en tous sens. En même temps on détruit les tiges devenues maladives ainsi que celles qui paraissent de nature grossière.

Quelques-uns soutiennent qu'il est bon de semer d'avance le pastel sur des couches disposées à part et de le replanter au printemps en pleine terre et en lignes espacées de 9 pouces (234 millim.). Ce procédé permet d'ailleurs de le faire succéder à une céréale et laisse tout le temps suffisant pour préparer le chaume à la plantation.

Le champ pour pastel d'été doit avoir reçu plusieurs labours avant l'hiver. Ainsi préparé, il est propre à être ensemencé au printemps. La pomme de terre est le précédent qui satisfait le mieux les exigences du cultivateur et de la plante.

Souvent la graine demeure quatre à six semaines, selon le temps, sans lever; d'autres fois elle se montre au bout de quatorze jours. Douze semaines environ après le semis du printemps, les feuilles inférieures commencent à jaunir; on rassemble alors toutes les feuilles contre la tige en les tournant vers le sommet, et, pendant qu'on les tient d'une main, on les coupe à leur base à un demi-pouce (13 mill.) environ des rameaux. Les plantes repoussent aussitôt de nouvelles feuilles qui, quatre semaines après, présentant les mêmes indices que les précédentes, peuvent, comme elles, être coupées. Le pastel d'hiver peut donner, lui, une troisième récolte semblable.

Pour obtenir la graine, on laisse les tiges passer l'hiver et pousser des jets nouveaux l'année suivante. Un morg. (25 ares 50 cent.) de pastel peut fournir la semence de trente morg. (765 ares). La graine est persistante dans la capsule, et on peut la semer en bourre comme celle du sainfoin *. Plus le soleil a réagi sur la graine, plus la récolte est abondante en feuilles.

La première récolte de feuilles donne les plus

* La quantité de semence indiquée plus haut signifie la semence séparée de la capsule. (*Note de M. Pabst.*)

nombreuses et les meilleures; celles des récoltes suivantes diminuent progressivement sous ces deux rapports : aussi il faut mettre à part les feuilles de chaque récolte et bien se garder surtout de les laisser exposées au soleil longtemps après avoir été coupées, attendu qu'elles perdraient beaucoup de leur principe colorant.

Les feuilles, mises dans des corbeilles de saule bien nettoyées, sont arrosées ou immergées dans l'eau à plusieurs reprises, afin de les débarrasser de toutes les parties terreuses. Il vaudrait mieux, sans doute, qu'elles fussent assez propres pour qu'on ne fût pas dans la nécessité d'avoir recours à ce moyen qui leur occasionne toujours quelque perte de matière colorante; mais, comme on ne peut pas atteindre aisément à cette propreté, il n'est guère possible d'éviter cette manipulation : donc, dès qu'elles ont été soumises à ce lavage, il faut les étendre dans un endroit bien aéré et à l'ombre. Elles demeurent là jusqu'à dessiccation complète, et on les retourne deux à trois fois par jour pour les renfermer ensuite dans des caisses ou tonneaux que l'on dépose à leur tour dans un endroit sec et accessible à l'air.

On peut encore laisser flétrir un peu les feuilles et les écraser après sous la meule d'un moulin tournant verticalement dans une espèce d'auge. Les feuilles broyées forment alors une pâte qui est mise en tas, aspergée d'eau, et exposée en plein air pendant deux ou trois jours, à moins qu'il ne survienne une pluie. On forme avec cette pâte de petites boules de la grosseur d'un œuf d'oie et on les fait sécher à l'air dans un endroit couvert où les rayons du soleil ne puissent pénétrer. Avant de faire cette opération, on aura eu soin de briser la croûte qui se sera formée à l'extérieur des tas et de la mélanger avec la masse intérieure *.

Dans les bonnes années, un morg. (25 ares 50 cent.) de pastel produit 140 à 160 quintaux (6,546 kilog. 40 à 7,481 kilog. 60) de matière verte**. Les feuilles de pastel sont considérées comme bon fourrage, et la graine fournit, dit-on, une huile passable : quelques-uns prétendent cependant qu'elle ne donne pas, en ce genre, une production qui mérite l'attention.

c. *Garance.*

La garance sert à teindre en rouge, et c'est la plus importante des plantes tinctoriales. On en cultive, en Allemagne, de deux espèces : l'une à tige quadrangulaire, l'autre à tige hexagone. La première est plus productive que la seconde, mais celle-ci, en revanche, donne une meilleure qualité.

* Le premier procédé, celui dans lequel on se borne à sécher simplement les feuilles et à les vendre dans cet état, mérite la préférence du cultivateur. (*Note de M. Pabst.*)

** Ses feuilles vertes séchées donnent 15 à 17 pour 100 de matière colorante. (*Idem.*)

Nous ignorons si la garance du Levant, dont on tire la couleur la plus belle, est d'une variété différente de la nôtre, et si sa culture pourrait être introduite chez nous avec quelque succès.

§ 1. *Sol.*

La garance se plaît dans un terrain fort et doux, ni trop sec ni trop humide. On la cultive communément sur une argile sablonneuse, sur un sable argileux et même sur un sol sablonneux lorsqu'il est gras et qu'il ne craint pas trop la sécheresse. Le sol argileux de bonne qualité produit la meilleure garance; mais le sol sablonneux rend les travaux, qui sont plus nombreux pour la garance que pour aucune autre plante, bien plus faciles et par conséquent moins coûteux. La présence dans le sol de graviers ronds et unis ne doit pas effrayer le cultivateur; il doit craindre plutôt le sable grossier et anguleux dont les aspérités tranchantes sont funestes à la garance. La profondeur du sol est indispensable à un végétal dont les racines, qui forment tout le produit, descendent considérablement. Si cette profondeur n'est pas au moins de 1 pied et demi (469 millim.) et si la constitution du sol est imperméable à l'eau, il est impossible de songer à une culture de garance: en outre, il faut rechercher un emplacement haut plutôt que bas et une pente exposée au midi.

§ 2. *Place dans la rotation.*

La garance ne peut trouver aisément une place dans la rotation, parce qu'il lui faut ordinairement trois étés pour accomplir sa végétation *. Lorsqu'elle ne dure qu'un an et demi, on peut l'admettre dans un assolement avec autant de facilité que le colza succédant à une jachère pure. La rotation triennale serait entre toutes l'une des plus convenables, en supposant, toutes circonstances favorables d'ailleurs, que le cultivateur pût se décider à renoncer pendant quelque temps à sa céréale d'été et à la remplacer par la garance.

Cette plante peut réussir après quelque précédent que ce soit; mais ceux qui exigent des sarclages répétés et de fortes fumures, comme le chou, la pomme de terre et le tabac, sont les meilleurs. Ajoutons-y le trèfle, si bienfaisant pour tout ce qui lui succède, et le chanvre.

Tout vient à souhait après la garance; on lui fait succéder le froment en terre forte et le seigle en terre sablonneuse. Une céréale d'été semée l'année d'a-

* Dans certaines localités du Midi, cette plante dure cinq ou six ans, et alors elle devient le pivot de la rotation. On reconnaît généralement que les produits de la garance sont proportionnés à son âge, et que plus elle est ancienne, plus elle donne. Dans le Nord, la gelée ne permet pas de basarder une récolte jugée déjà avantageuse au bout de deux ans; c'est pourquoi les anciennes garancières sont très-rares. (*Note du trad.*)

près réussit très-bien aussi lorsqu'une récolte tardive de garance empêche les semailles d'hiver : il ne faut cependant pas trop se fier à la fertilité qui reste dans le sol après la garance, quelque forte qu'ait été la fumure. La terre ne produirait pas facilement, dans de semblables conditions, plus d'une récolte, et un trèfle, quoique peu épuisant de sa nature, semé dans la céréale après la garance et arrivant comme deuxième récolte, n'aurait pas de chances de réussite, bien que cette place lui fût parfaitement convenable.

La garance se craint peu ; il suffit, pour obtenir un bon résultat, sans apercevoir aucune différence, d'intercaler une céréale entre deux de ses cultures : donc un cultivateur qui ne veut pas la faire entrer dans son assolement peut choisir un champ qu'il lui destine tout entier et le consacrer pendant longtemps à la production de cette plante. On a toutefois remarqué que les racines de la garance végétant pendant une longue suite d'années sur la même place étaient moins grosses que celles d'une garance revenant plus rarement ; on a surtout observé qu'une succession immédiate était vicieuse sous ce rapport *.

Un vignoble épuisé est utilisé de la manière la

* M. de Gasparin, dans les *Mémoires d'agriculture*, cite un obstacle qui s'oppose souvent à ce que la sole de garance se prolonge au delà d'une certaine limite ; c'est le développement d'un rhizoctome qui fait périr la racine en l'entourant d'un épais réseau.
(*Note du traducteur.*)

plus profitable par la culture de la garance ; rien ne peut mieux qu'elle le préparer à une nouvelle plantation de jeunes vignes. La garance couvre les frais de l'arrachage des ceps anciens et prépare pour les nouveaux une terre dans laquelle ils prospèrent admirablement.

§ 3. *Fumure.*

Une terre féconde depuis longtemps, ou enrichie par les fortes fumures d'une récolte antérieure, demande peu de fumier nouveau et produit de meilleure garance qu'un sol maigre dans lequel on enfouirait tout d'un coup d'énormes masses d'engrais. Un champ fraîchement fumé ne produit jamais d'aussi belles racines, quelque quantité d'engrais qu'il ait reçus en une seule fois. On ne peut fumer un sol, qui n'est pas dans un état parfait de fertilité, avec moins de vingt-quatre charges à quatre chevaux de bon fumier, et même trente charges ne seraient pas de trop. Ce fumier est amené l'automne précédent et enterré par un labour ; s'il est amené seulement au printemps, il faut qu'il soit court pour convenir à la garance.

Le cultivateur en grand de la garance, sur terrain argileux, considère le fumier des bêtes à cornes comme le meilleur ; mais, quand ses avances en engrais de ce genre ne sont pas suffisantes, il peut trouver un supplément utile dans le fumier de cheval, dont, au reste, la bonne influence a été constatée, même sur des terrains sablonneux.

§ 4. *Préparation des terres.*

On regarde une façon à la bêche comme une bonne préparation pour la garance; on défonce même le terrain à deux fers de bêche de profondeur, en ramenant le sous-sol à la surface; dans ce cas, la moitié du fumier est conduite avant l'hiver et enterrée à la charrue, l'autre moitié est amenée au printemps et enterrée à la bêche : cette dernière façon a lieu trois à quatre semaines avant la plantation.

Le défoncement, outre le bêchage, n'est cependant pas de rigueur. Sur un sol sablonneux, ce travail peut s'exécuter commodément, et, dans ce cas, la mesure doit être généralement conseillée; mais, en terre forte, il n'en peut être ainsi, car les frais énormes de cette pénible opération ne seraient pas toujours couverts par la différence en plus qu'elle détermine. Un double labour soigné ou un bon labour de défoncement pourra, dès lors, remplacer, en quelque sorte, le travail manuel de la bêche. Plusieurs grands cultivateurs de garance, connus de l'auteur, trouvent même, d'après leurs expériences, qu'en terre forte le labour à la charrue est plus utile que le labour à la bêche.

Il nous reste à ajouter que la bonté de la garance

consiste aussi bien dans la grosseur de ses racines que dans leur longueur : celles-ci se développent dans les terrains travaillés profondément, parce qu'elles peuvent pénétrer à leur aise; mais cet accroissement en longueur n'a lieu qu'aux dépens de leur grosseur. Dans un sol argileux, moins profondément remué, les racines sont plus courtes, mais elles augmentent d'épaisseur et compensent ainsi la différence; aussi, dès qu'elles touchent la couche souterraine solide, à la deuxième année, elles sont arrêtées et serpentent horizontalement en gagnant en grosseur et en bonté ce qu'elles perdent en longueur : de plus, la récolte, qui se fait en déterrant les racines, est singulièrement facilitée, ce qui n'aurait pas lieu si elles s'étaient beaucoup enfoncées. Il y a donc un avantage produit par une notable économie de frais. Cette disposition, toutefois, doit avoir ses limites; car il est certain qu'un sol travaillé à peu de profondeur rend infiniment moins que celui qui l'est davantage.

Pour avoir de la très-bonne garance, il faut choisir une terre qui ait porté des récoltes sarclées parfaitement fumées. Après l'enlèvement de ces récoltes, on mène, en automne, du fumier qu'un double labour profond vient enfouir : c'est entre ces deux labours qu'on intercale le fumier long, et on laisse le champ en repos jusqu'au printemps. A cette époque, on mène du fumier court enterré légèrement; plus tard, on répète le labour, que l'on fait suivre enfin, si les circonstances l'exigent, d'un troisième labour avant la plantation.

Il est inutile de dire que, dans ce procédé par la charrue, le labour avant l'hiver doit toujours être profond, et que, entre les labours successifs du printemps, la herse et le rouleau ne doivent pas rester oisifs.

§ 5. *Plantation et manipulation.*

La plantation se fait à la fin d'avril ou au commencement de mai. On prend, dans une ancienne garancière, des morceaux de racines que l'on emploie comme boutures. Le terrain est divisé en planches larges de 4 à 8 pieds (1^{m},252 à 2^{m},504), séparées par des rigoles d'une largeur proportionnée. Il faut quarante mille plançons par morg. (25 ares 50 cent.) ; après les avoir humectés, on les place en lignes distantes de 1 pied (313 millim.) l'un de l'autre, en laissant entre les plants un espace de 3 à 4 pouces (78 à 104 millim.). On se sert, pour ce travail, d'un couteau dont la lame, en forme de lancette, est emmanchée à la façon d'une truelle ; cette lame a 6 pouces (156 millim.) de longueur et présente une largeur de 3 pouces (78 millim.) à son extrémité affilée. Quelques cultivateurs font simplement des rigoles à la pioche, y mettent le plant et le recouvrent avec de la terre provenant de la rigole voisine, après quoi ils tassent légèrement.

S'il fait sec après la plantation, il est nécessaire

d'arroser. Plus tard, on pulvérise et nettoie le sol au moyen d'une petite pioche large et tranchante; on abaisse en même temps, comme pour le marcottage ordinaire, les jets qui tendent à monter et on les recouvre de terre pour leur faire pousser des racines et augmenter ainsi la production radiculaire.

En automne, on creuse les rigoles bien avant et l'on répand la terre qu'on en retire en travers des planches; pendant l'été, toute la terre remuée par les diverses façons de houage et de sarclage et celle obtenue en curant de nouveau les rigoles sont également répandues, afin de favoriser la végétation souterraine des jeunes plants et surtout celle des rameaux marcottés.

Il est bon, en automne, de mettre sur les planches un peu de fumier en couverture.

L'année suivante, toutes ces opérations se réitèrent ; la fumure en couverture seule est ou n'est pas donnée, suivant que l'on veut de la garance de deux ou de trois ans.

On peut aussi semer la garance. Ce cas ne se présente que lorsqu'on n'a pas d'anciennes garancières pour fournir des replants : alors on sème la graine sur un carré de jardin bien préparé et, au printemps suivant, on arrache les plançons pour les repiquer. Comme il est rare, sous notre climat, que la garance parvienne à une maturité complète, il vaut mieux faire venir la graine d'Avignon, ville dans les environs de laquelle cette culture est très-répandue, que de chercher à la produire soi-même.

Des cultivateurs en grand de la garance ont essayé depuis quelque temps, pour épargner la main-d'œuvre, de planter en lignes espacées de 2 pieds (626 millim.), afin de pouvoir se servir de la houe à cheval et de la butte; d'autres préfèrent planter sur les arêtes de sillons formés au butoir. Le produit obtenu par ce dernier moyen est toujours inférieur; cependant, comme cette pratique donne beaucoup de facilité à l'enlèvement de la récolte, on peut la suivre lorsque la main-d'œuvre manque ou qu'elle est chère.

§ 6. *Récolte et produit.*

Dans certaines localités, aux environs de Breslau par exemple, on arrache les racines dans l'automne de l'année même où l'on a planté : on obtient ainsi un produit médiocre en qualité et en quantité. La garance de trois ans donne les meilleures racines et un rendement plus fort en poids que celle de deux ans; cependant on trouve que l'excédant de récolte obtenu par une année de plus ne paye pas les frais et la rente avancés : c'est pourquoi l'on préfère, en définitive, la culture de deux ans.

L'arrachage se fait au mois d'octobre : c'est un travail long et coûteux, payé 10 à 12 thalers (37 fr. à 44 fr. 40) par morg. (25 ares 50 cent.), quand les prix de journée sont modérés ; mais il s'élève souvent plus haut. On bêche la terre profondément pour déterrer les racines, que l'on éparpille sur le sol, où on les laisse pendant quelque temps; on les rassemble ensuite et on les fait sécher en petits tas. Quand la terre peut se détacher commodément, on les bat et on les secoue, pour les vendre aussitôt et sur place aux fabricants ; si le marché ne peut encore se conclure, on est obligé de les transporter dans des granges bien aérées, où elles achèvent leur dessiccation.

Ceux qui ont adopté la culture en lignes et sur arêtes, citée plus haut, font passer une charrue entre les lignes à 15 pouces (391 millim.) de profondeur ; par ce moyen, ils prennent les racines en dessous et les mettent à nu en les ramenant à la surface, et il ne reste plus qu'à les ramasser. Cette méthode exige beaucoup moins de travail que le procédé ordinaire.

Une culture bisannuelle * de garance produit 48 à 60 quintaux (2,244 kilog. 48 à 2,805 kilog. 60) de racines moyennement semées ; on en récolte 54

* En Alsace, où la garance reste deux années dans le sol, le rendement moyen annuel est de 1,800 kilog. Dans le midi de la France, la récolte atteint 2,500 à 2,750 kilog. par hectare. M. de Gasparin ajoute que, lorsque la culture dure trois ans, le produit annuel est de 1,750 kilog. Crud, dans la culture bisannuelle, n'a pu obtenir que 1,608 kilog. de racines sèches.

(*Note du traducteur.*)

à 72 quintaux (2,525 kilog. 04 à 3,366 kilog. 72) par une culture trisannuelle.

La végétation aérienne * de la garance, qui est assez importante, est coupée chaque automne et constitue un excellent fourrage que l'on donne aux vaches, sans s'inquiéter de la couleur rougeâtre que prennent le lait, la chair et même la surface externe des os de ces animaux.

Pour trouver quelque avantage à la culture de la garance, il faut non-seulement pouvoir disposer des engrais nécessaires à un prix raisonnable et trouver à point nommé une main-d'œuvre active, suffisante et peu coûteuse, mais encore avoir, dans son voisinage, des manufactures où l'on puisse sans peine écouler ses produits.

Le quintal (46 kilog. 76) de racines de garance à moitié sèches se paye, dans plusieurs contrées, de 1 thaler à 1 thaler et demi (3 fr. 70 à 5 fr. 55).

Observation finale de M. Pabst. — Le manuscrit de Schwerz sur la culture de la garance n'était pas complétement terminé, et j'ai rédigé, d'après ses notes, les deux derniers articles de ce paragraphe : là s'arrêtent ses enseignements.

Le lecteur s'apercevra sans doute de l'omission de quelques autres plantes commerciales très-importantes, telles que

* M. de Gasparin estime le produit annuel des feuilles de la garance à 7,000 kilog. par hectare. (*Note du trad.*)

Le houblon,
La chicorée,
Les cardères,
Le cumin.

Schwerz ne dit rien non plus de quelques plantes aromatiques, comme l'anis, le fenouil, la coriandre et autres plantes étrangères, dont le nom ne figure que pour mémoire dans nos ouvrages classiques.

Je me suis abstenu, par des raisons faciles à comprendre, de rien faire à cet égard, et j'ai mieux aimé laisser exister ces lacunes plutôt que d'écrire sur un sujet auquel l'auteur n'aurait pas pris part.

SECONDE PARTIE.

CHAPITRE PREMIER.

GLANES AGRICOLES.

§ 1er. *Esprit d'innovation.*

Depuis que les esprits ont commencé à s'intéresser, en Europe, en faveur de l'agriculture et que l'on en a fait un sujet de mûres réflexions, il n'a pas manqué d'hommes qui ont pris à tâche de vouloir tout y réformer. Beaucoup n'ont pas craint, sans respect pour la tradition, de chercher à soumettre à leurs préjugés les usages agricoles les plus anciens et les plus répandus. Entraînés par un zèle exagéré, ces innovateurs ont voulu tout faire cadrer à leurs systèmes et rejeter tout ce qui ne s'y prêtait pas, comme si l'on pouvait imposer des lois à la nature sans qu'elle eût le droit d'en donner. Les anciens errements, établis par le temps et les circonstances et aplanis par de longs usages, sont désertés, et l'on s'efforce d'indiquer de nouvelles voies qui mènent rarement au but ou qui, du moins, ont des abords tellement difficiles, que l'on n'y arrive que par des détours longs et rebutants ; et cependant ces voies nouvelles étaient tracées avec une exactitude géométrique sur le cordeau de la théorie. Si l'esprit de système, en médecine, a comblé les tombes de victimes, on ne peut nier que ce même esprit tyrannique n'ait eu, en agriculture, ses victimes aussi qui sont mortes de faim. Rappelons-nous qu'il est bon, en toutes choses, d'écouter les anciens : qu'ils connussent ou non la théorie, ils se sont toujours laissé guider par la pratique, et la nature, qu'ils observaient, leur a donné des leçons dont ils ont su profiter sans préjugés.

§ 2. *Expériences et essais.*

Saisir les rayons lumineux, ce qui constitue l'action d'expérimenter, telle est la question à résoudre; les bien employer et les bien utiliser, tel est notre devoir. Les résultats d'une expérience sont amenés soit par le hasard, soit par un calcul raisonné : les résultats dus au hasard sont bien plus fréquents en agriculture que dans toute autre science, et il n'y a aucune honte à avouer que nous lui devons presque toutes nos découvertes ; non que nous prétendions ici que, dans la nature, c'est-à-dire dans cette immense organisation des choses, il se passe quelque événement imprévu, car tout y est réglé par des lois aussi sages qu'immuables. Le hasard n'est tel que relativement à nous, lorsqu'il nous arrive de faire une découverte que nous n'avions nullement pressentie. Combien d'étincelles, projetées ainsi du sein de la nature, s'éteignent faute de tomber sur un objet qui puisse s'enflammer à leur contact et les faire rayonner à nos yeux !

Les expériences consciencieuses résultent des essais raisonnés qu'entreprennent les hommes spéciaux dans l'intention de déterminer un progrès.

Chaque essai bien réfléchi et bien exécuté est, pour ainsi dire, un problème que l'on pose à la nature et dont on lui demande la solution. Lors même qu'elle répond négativement, le résultat n'en reste pas moins instructif; car il est souvent aussi important de connaître ce qu'on doit éviter que de savoir ce qu'il faut faire.

« L'enseignement des faits, disait le grand Arthur Young, il y a soixante ans, n'est point trompeur ; il est, au contraire, la seule fondation sur laquelle on puisse bâtir avec sécurité. Parmi la multitude des écrits agronomiques, on ne trouve que bien peu d'expérimentations judicieuses, quoique la pratique, à mon avis du moins, soit la seule et véritable base de toutes les connaissances. Sans doute le cultivateur instruit ne suivra point leurs leçons aveuglément, parce qu'il sait combien de nuances accidentelles peuvent influer différemment sur deux essais d'ailleurs entièrement semblables, et donner lieu à des résultats complétement opposés. Celui qui ne possède pas le don de discerner n'est qu'un

« charlatan, qu'il soit agriculteur ou médecin. »

Faire des essais, accumuler des expériences, observer la marche de la nature n'est pas moins utile de nos jours qu'autrefois à la situation actuelle des connaissances, car la source est intarissable. Si la science a quelques avantages, elle doit en avoir un surtout qui se rehausse entre tous, celui de nous mettre à même d'explorer et d'expérimenter rationnellement, et de nous aider à connaître ce qui est vrai et important. Nous ne devons pas nous le cacher, il n'est pas donné à tout le monde d'observer, de voir, d'apprécier toutes les influences, de juger des faits, de tirer des conclusions et de les comparer ; il faut, pour cela, un certain degré de savoir et de pénétration.

De là on peut conclure que l'agriculteur instruit et *en même temps* praticien est, pour ainsi dire, le seul qui soit capable de faire un essai digne de confiance.

§ 3. *Conscience et impartialité dans les expériences.*

Les épreuves et les expériences, dit Dullo, donnent des résultats tout à fait bizarres, lorsqu'on n'y procède pas avec l'impartialité et l'attention les plus grandes, et qu'on ignore l'art de prendre conseil des circonstances. Le moindre signe échappé à notre observation donne immédiatement à l'épreuve une direction inattendue : on s'imagine trouver son opinion confirmée, et l'on se trompe. Enfin, si vous êtes subjugué par une prévention qui vous accompagne dans votre travail, il vous arrive trop facilement de voir ce que vous désirez et non ce que vous craignez.

C'est dans ces inconséquences de l'esprit humain qu'il faut chercher pourquoi il est plus rare qu'on ne le croit d'arriver à des résultats positifs; de là les contradictions fréquentes dans les expériences agricoles. Il arrive parfois que celui qui a fait une découverte utile et qui est persuadé de son importance est écrasé par un essai qu'il veut tenter d'après elle ; il rêve qu'il aborde aux riches côtes du Pérou, tandis qu'en réalité il s'y perd : c'est le charlatan qui pense avoir trouvé la panacée universelle dans le tournesol, le raifort de Chine, le pois chiche, etc. ; il ne prouve rien, précisément parce qu'il a voulu trop prouver.

On a honte souvent de donner de la publicité à des essais qui n'ont pas réussi. Quel tort ! Un essai dont les résultats seraient certains d'avance ne serait plus un essai ; si l'on y a procédé d'une manière rationnelle, l'insuccès ne peut déshonorer celui qui l'a tenté. « Il est tout aussi utile, dit Arthur Young, « de connaître une expérience manquée qu'une ex- « périence heureuse; car il est aussi important d'a- « vertir de la tempête que d'indiquer le port du « salut. Je regarde donc comme un devoir pour « celui qui peut être assez maître de son amour- « propre de faire part à ses concitoyens de tous ses

« essais, même de ceux qui auront été infruc-
« tueux. »

Penser simplement et consciencieusement; ne pas désirer paraître plus que l'on est; n'être l'esclave d'aucun préjugé ni le partisan aveugle de personne; savoir saisir ce qui est vrai, bon et utile; faire peu en vue de la gloire et de la réputation personnelles, mais beaucoup en vue du progrès des choses; craindre, avant tout, de se tromper soi-même et de tromper les autres : voilà les sentiments de tous ceux qui désirent enrichir de leur savoir les amis de l'agriculture; mais que celui qui ne les a pas se taise.

Celui qui a fait une bonne découverte en agriculture et qui, par égoïsme, la tient secrète ou la vend, agit d'une manière folle et condamnable. L'agriculture est une de ces nobles carrières où le secret est inutile et où l'on peut partager sans trahir ses intérêts. On ne s'y expose jamais à s'appauvrir en faisant part aux autres de ses richesses, et c'est avec raison que Cicéron a dit : *Omnium rerum ex quibus aliquid adquiritur nihil est agricultura melius, nihil dulcius, nihil utilius, nihil homine libero dignius.*

§ 4. *Enseignement par les exemples.*

« Le plus sage de tous les principes pour faire
« progresser l'agriculture dans un pays, dit Arthur
« Young, c'est de prêcher par l'exemple et de pra-
« tiquer *soi-même* les méthodes que l'on a recon-

« nues comme les meilleures ; c'est le seul moyen « de détruire insensiblement le vieil esprit de rou- « tine, qui résiste, avec tant d'opiniâtreté, à tous « les combats que lui livre le progrès. »

L'agriculture est l'art dans lequel on agit avec le plus de préjugés. Les faits les plus manifestes ne peuvent rien dans les commencements; le temps seul peut remporter la victoire. Ici, comme ailleurs, l'amour-propre enveloppe l'homme de ses liens : en effet, quel est celui qui voudra avouer que, pendant longtemps, il a erré dans une fausse voie, par manque de jugement, d'activité ou par simple prévention; et quel est l'homme qui pourra prendre sur lui de faire, sous les yeux de son voisin, tout le contraire de ce qu'il fait depuis si longtemps? — Au moins si personne ne le voyait!

§ 5. *Le travail est le levier de l'industrie.*

Schwerz laisse encore parler ici Arthur Young, son auteur favori.

« Le travail se crée des mains et engendre un « peuple industrieux; plus le travail augmente, « plus la population s'accroît; les hommes poussent « autour de lui comme des champignons. L'aug- « mentation du travail élève le salaire, sans aucun « doute, et plus le salaire est élevé, plus les bras « actifs affluent de toutes parts. Ces principes sim- « ples, qui découlent de la pente naturelle du cœur

« humain, montrent qu'une nation industrieuse
« ne doit pas craindre que de grands plans d'amé-
« lioration publics et privés ne puissent s'accomplir
« faute d'ouvriers. Le travail donne du pain et le
« pain donne des hommes. »

§ 6. *De l'enseignement agricole.*

Pendant assez longtemps, l'agriculture a été considérée comme une profession peu honorable et un art futile ; on a refusé de croire que ce fût une science complexe et profonde. Le gentilhomme ne voyait, dans le produit de ses terres, que ses redevances seigneuriales ; l'ecclésiastique, que sa dîme ; le gouvernement, que ses impôts. Ni les uns ni les autres ne s'occupaient d'initier à une bonne culture ceux qui payent impôts, dîmes et redevances : ils semaient la misère et voulaient recueillir la richesse. Parmi les rois nombreux auxquels l'histoire moderne a décerné de glorieux surnoms, il n'existe que le roi de Portugal, don Sanche, qui ait reçu le titre honorable de roi *paysan*, à cause de son zèle pour la mise en culture de terres vagues et improductives. — Le préjugé général avait faussé le sens véritable du mot *gloire*, en le faisant consister en de sanglantes conquêtes ou d'irréparables dévastations. On créa des lois pour le civil, le criminel, la médecine, le commerce, les eaux et forêts ; chaque chose eut son code, mais personne ne songea à protéger l'agriculture. On érigea des académies des sciences, on encouragea l'art de mesurer la terre et de la décrire; mais on ne fit rien pour l'art qui la féconde. Le czar Pierre, cet homme vraiment grand, méconnut cependant le plus fort soutien de la richesse nationale. Pour civiliser ses sujets, il ne craignit pas de travailler avec des charpentiers, des constructeurs de vaisseaux à Saardam; mais il ne lui vint pas à l'idée d'aller visiter les campagnes et de voir comment on les cultivait. Vous voulez avoir, disait Columelle aux Romains, des élèves pour la danse, pour l'escrime, pour la musique, etc., et l'agriculture seule n'a, parmi nous, ni maîtres ni élèves !

§ 7. *Conseils et encouragements aux agriculteurs commençants.*

La théorie et la pratique, c'est-à-dire les principes et l'expérience, sont les deux piliers principaux sur lesquels tout s'étaye en agriculture. Réunis, ils peuvent soutenir un édifice durable; séparés, ils n'offrent plus qu'un appui chancelant. Il n'est nullement difficile de savoir si, en agriculture, la pratique a précédé, précède et précédera souvent la théorie à l'avenir, si l'on veut se décider à reconnaître que toute expérience est plus ancienne que tout calcul.

Dans les sciences expérimentales, l'expérience

fait jaillir de la pierre une étincelle; la théorie la reçoit, en poursuit, examine, rejette, garde ou recherche les causes : quand elle ne peut y parvenir, ce qui lui arrive souvent, elle en tire au moins des règles pour des cas identiques ou semblables. Quelquefois, cependant, la théorie peut marcher en avant : elle pressent, calcule, essaye et conclut d'après des analogies; mais elle ne doit jamais décider sans soumettre ses résultats à l'expérience, car l'expérience est la pierre de touche qui fait connaître la valeur, le degré de mérite et d'application de chaque théorie. Si la théorie ne soutient pas l'épreuve, elle reste, quelque flatté qu'en puisse être l'esprit, une hypothèse stérile et une chimère rejetable.

Il existe peu et même, à la rigueur, il n'existe pas de règles que l'on puisse généralement appliquer en agriculture. Quoique la nature avance dans l'accomplissement de sa grande œuvre d'un pas inébranlable, les moyens qu'elle emploie sont si divers et les chemins qu'elle parcourt en partie si cachés, qu'elle dérobe souvent sa marche à l'œil de l'investigateur le plus attentif.

L'observateur, cependant, qui sait faire des expériences rigoureuses et qui, surtout, sait apprécier celles qui ont été faites avant lui, apprend de jour en jour à mieux suivre la progression de la nature; il peut choisir, dans le passé, des règles qui, pour l'avenir, lui tracent une ligne de conduite; en la suivant, il sera toujours à même de se plier aux événements divers, en sachant accorder ou retrancher avec sagesse.

Si l'observateur, plus avancé dans les sciences naturelles, est initié par elles plus profondément dans les secrets de la nature, il ne s'enferme pas dans le cercle seul de l'expérience, mais il cherche à remonter de l'effet à la cause. De ce point élevé, il voit au loin ce que ne voit pas son voisin, placé plus bas que lui ; il devine et calcule souvent d'avance tel effet que l'autre n'apercevra que lentement, à la suite d'événements amenés par la pratique.

L'agriculteur instruit et éclairé se meut avec plus de liberté ; sa marche est plus rapide, mais quelquefois moins sûre que celle du simple cultivateur praticien, qui sait remplacer ce qui lui manque en science pure par une grande circonspection, une habileté d'exécution plus grande encore et par des améliorations constamment progressives.

Comme les connaissances théoriques ne suffisent pas en agriculture, l'homme instruit et savant ne mérite le nom d'agriculteur que lorsqu'il est en même temps praticien : cela veut dire qu'il doit être non-seulement initié à la théorie, mais encore complétement rompu à la pratique ; sans cette dernière condition, il ne peut être qu'un agriculteur superficiel. Dès qu'il s'agit de mettre la main à l'œuvre, il ne tarde pas à se fourvoyer comme le plus simple routinier; ce qui a pour conséquence naturelle d'effrayer et d'éloigner ceux que leurs inclinations entraînent vers les études agronomiques.

Que l'on ne se trompe pas en ceci : l'agriculture est un art que tous les hommes se flattent de comprendre dès l'abord, tandis qu'il en est peu qui, après quelques essais, ne soient forcés de reconnaître leur ignorance. Il n'est pas d'art, non plus, dans lequel on s'imagine expliquer plus facilement un phénomène, en se laissant entraîner à des conclusions spécieuses, à poser des règles ayant un faux semblant d'application et à raisonner avec une certaine apparence de logique.

L'esprit exclusif est un défaut très-préjudiciable à l'agriculteur et peut arrêter en lui tout progrès, s'il est, en outre, entêté. Rien ne le peut sauver alors, ni la meilleure théorie ni une éducation scientifique accomplie; car on peut faire valoir aussi ces avantages sous un certain point de vue et en faire de fausses applications : nous en trouvons la preuve dans les fréquents changements d'idées d'agronomes de cabinet savants et distingués. Il existe, à la vérité, des gens qui leur ont reproché cette espèce de versatilité et qui en ont fait le point de mire de leurs sarcasmes. Pour moi, je crois que ces variations font autant d'honneur à leur indépendance d'esprit qu'à la modestie dont ils font preuve en abandonnant une opinion qu'ils avaient tant caressée. — L'erreur, en elle-même, ne cause aucun préjudice à la science, car ce serait injuste de demander à celle-ci plus qu'elle ne peut donner; mais ne pas vouloir convenir d'une faute reconnue, la cacher au monde, là est le mal. *Tous les jours je m'aperçois*, dit Marschall, *que l'on ne peut conduire une exploitation avec la plume.* J'ajouterai à ces paroles que l'on ne peut pas apprendre l'agriculture que dans les livres. Sans doute il y a de bons ouvrages; mais le livre de la nature est bien meilleur encore, et il n'est possible d'y lire qu'à l'aide de l'expérience.

Rien ne détruit l'esprit d'exclusion comme les voyages : par eux, on est amené à observer l'agriculture dans des conditions variées. et l'on parvient à distinguer les méthodes diverses auxquelles elles donnent lieu dans les pays étrangers. Mais, pour de tels voyages, il faut des yeux pour voir, des oreilles pour entendre, et une grande indépendance d'esprit pour graver fidèlement dans la mémoire ce que l'on a vu et entendu. Celui dont les yeux ne sont pas exercés par des connaissances acquises; celui dont l'oreille, fermée aux enseignements du dehors, n'écoute pas les conseils donnés par l'hospitalité étrangère; celui qui, à son départ, ne laisse pas à la maison tout le bagage des préjugés et ne met pas de côté, pour quelque temps, son savoir individuel; celui, enfin, qui, rempli de soi-même, de ce qui se fait dans sa localité, dans sa patrie, regarde avec mépris tout ce qui se fait ailleurs; que celui-là, dis-je, reste dans ses foyers; son voyage, fût-ce même le tour du monde, lui serait stérile. Il ressemble à un vase plein, qui ne peut recevoir une goutte de liquide sans déborder.

L'agriculteur en voyage, qui blâme les coutumes d'un pays, quelles qu'elles soient, et qui prétend en remontrer à tout le monde, fait comme ce pêcheur qui jette une pierre dans l'eau : ce fou effraye les poissons au lieu de les prendre, et se trouve ainsi dupe de lui-même.

Avant de blâmer ou de rejeter l'usage ou la routine d'une contrée, il faut se donner la peine de les examiner à fond et de rechercher les causes qui ont pu les faire naître. Il n'est pas rare de trouver alors que plusieurs coutumes, transmises de père en fils, trahissent plus de bon sens et des principes plus rigoureusement déduits d'une longue observation qu'on ne le supposait au premier aspect. Tout le monde doit convenir que, sans cet examen préalable, il y a de la présomption à critiquer une chose que l'on n'a pas étudiée, et que tout novice, agissant ainsi, risque fort de quitter un pays sans le connaître.

Il résulte de ce qui précède que le premier devoir des agriculteurs commençants consiste à bien sonder la culture établie depuis longtemps dans leurs localités respectives avant de la déclarer vicieuse. Ils devront chercher à voir ensuite si, parmi les moyens employés, il n'en existe pas quelques-uns de défectueux, que l'on puisse corriger avant d'avoir recours à des mesures extraordinaires peu connues.

« Il vaut mieux, dit Arthur Young, courir sur « une voie tracée, quelque détour qu'elle fasse « pour mener au but. Il serait ridicule de recher- « cher au loin, dans l'espoir de se glorifier d'une « découverte, ce que l'on peut trouver sans peine « à sa porte avec un peu de pénétration. »

Ajoutons, pour finir, en faisant néanmoins quelques exceptions, qu'il y a suffisamment à améliorer partout et que le temps ne consacre pas toujours chaque coutume ; qu'au contraire il arrive souvent qu'une pratique, bonne jusque-là, perd de sa valeur sous l'influence de changements relatifs, et qu'elle ne peut être remplacée avec avantage que par des méthodes longuement éprouvées. Le progrès raisonné doit donc être et rester le but des efforts de tout agriculteur sensé.

CHAPITRE II.

NOTES SUR L'AGRICULTURE DE L'OUEST DE LA FLANDRE, EXTRAITES DU JOURNAL DE WILHELM RIETHMEYER EN 1827 *.

§ 1er. *Sol.*

Le sol de la Flandre est de constitutions très-

* Les anciens élèves de Hohenheim, Hinz, Riethmeyer et Seefried, ont été chargés de tenir des journaux détaillés pendant leur

variées, et ce serait une grave erreur de croire que partout sa nature l'a formé à souhait. On y trouve, au contraire, beaucoup de terrains à qualité primitive très-inférieure; mais l'excellente culture que l'on y pratique les a beaucoup améliorés.

Les principales variétés de terrain en Flandre sont : *a*. le sable pur ; *b*. le sable argileux ; *c*. l'argile sablonneuse ; *d*. l'argile proprement dite ; *e*. l'argile glaiseuse.

Le sous-sol des deux premières variétés ou espèces de terre est souvent un sable jaune; les deux suivantes ont pour sous-sol un sable bleu, presque toujours imperméable à l'eau; enfin, dans d'autres endroits, le sous-sol est formé d'argile et de glaise.

§ 2. *Division du sol et disposition des bâtiments de ferme.*

Le pays presque entier est divisé en fermes d'étendues différentes, et l'on rencontre rarement des terres morcelées. Les fermes sont partagées en trois classes, relativement à leur importance.

1° Les fermes de première classe, sur lesquelles,

séjour en Flandre de 1824 à 1827. Ces journaux nous ont fourni, dans la première partie de cet ouvrage, des renseignements utiles pour compléter la culture du lin en particulier. Comme nous avons cru remarquer, en outre, quelques passages intéressants, nous avons pensé devoir les rassembler et les mettre ainsi à la disposition du lecteur. (*Note de M. Pabst.*)

outre les chevaux et les vaches, on tient des moutons; de là la dénomination de fermes à moutons. Étendue, 25 à 36 bunders (140 à 200 morg. prussiens, — 35 hect. 70 ares à 51 hectares).

2° Les fermes où on tient encore des chevaux de trait, au nombre de deux ordinairement, quelques vaches, mais où il n'y a pas de moutons : on les appelle fermes à chevaux. Étendue, 12 à 24 bunders (15 hect. 30 ares à 30 hect. 60 ares).

3° Les fermes à vaches, c'est-à-dire celles où l'on ne tient plus que des vaches laitières, et dont les propriétaires empruntent aux grandes fermes, à prix fixé, les attelages dont ils ont besoin. Ces petites exploitations n'ont pas plus de 2 à 5 bunders (2 hect. 55 ares à 6 hect. 37 ares 50 cent.).

Ces dernières sont généralement habitées par leurs propriétaires; les autres sont quelquefois, il est vrai, cultivées par ceux qui les possèdent; mais, le plus souvent, elles sont affermées, ce qui rend la classe des fermiers proprement dits très-nombreuse et très-considérée. Parfois, aussi, des propriétaires de fermes moyennes louent leurs terres pour affermer, à leur tour, un domaine plus grand et trouver ainsi un emploi plus avantageux à leurs capitaux.

La simplicité, la solidité et une disposition commode caractérisent les fermes flamandes, le plus souvent situées au centre de l'exploitation. Comme modèle, nous donnons la description d'une ferme à Sintebaefs.

La superficie arable de ce domaine est de 31 bunders (38 hect. 52 ares 50 cent.). La ferme est tracée en carré clos par une grande porte cochère. Sur l'un des côtés se trouve le corps d'habitation, massif et spacieux, contenant une salle commune et une pièce de réception, deux chambres à coucher et un dortoir pour les domestiques, la cuisine, la laiterie, la cave, un grenier à fruit, etc. Sur un second côté se trouvent l'écurie des chevaux et l'étable à vaches, sur les derrières de laquelle s'appuie la porcherie : chacune de ces écuries est pourvue d'un réservoir pour recueillir le purin. Sur le troisième côté s'élèvent la bergerie, légèrement construite, et sa grange, communiquant à la vacherie par un passage couvert. Enfin sur le quatrième côté sont disposés des remises pour abriter les voitures, un four avec buanderie, etc. Le corps d'habitation, le four et la buanderie sont couverts en tuile, et le reste en chaume.

§ 3. *Rotation.*

Le Flamand ne s'assujettit pas à une rotation et à un assolement invariables ; cependant il base sa culture sur certains assolements, qu'il modifie ensuite dans les détails, suivant les exigences du terrain et du moment.

Voici quelques exemples d'assolement :

A. *Terres sablonneuses.*

A Rossebeck, à 3 lieues (13 kilom.) de Courtrai, on a, sur sable maigre,

1. Sarrasin; — 2. seigle; — 3. seigle; — 4. seigle suivi d'une récolte dérobée de navets.

On fume chaque année, même pour les navets, avec du fumier long; quant au sarrasin, on répand, avant de le semer, du purin seulement mélangé de tourteaux de colza.

Ou bien,

1. sarrasin; — 2, 3 et 4. seigle; — 5. pommes de terre; — 6 et 7. seigle; fumure toutes les années.

Dans la même localité, sur bon sable,

1. Lin puriné; — 2. seigle fumé avec du fumier d'étable; — 3. seigle puriné, suivi de récolte dérobée de navets; — 4. sarrasin puriné; — 5. colza fumé et puriné; — 6. seigle avec fumier long.

Ou

1. Lin fumé; — 2. trèfle cendré (mélange de cendres de tourbe et de bois); — 3. seigle fumé; — 4. seigle puriné et récolte dérobée de navets fumés; — 5. pommes de terre, carottes ou colza fumés; — 6. seigle suivi de navets purinés; — 7. avoine fumée.

B. *Sur argile sablonneuse.*

A Sintebaefs, près Weken,

1. Féveroles fortement fumées; — 2. froment; — 3. seigle suivi de navets fumés avec purin ou tourteaux de colza; — 4. pommes de terre fumées; — 5. lin puriné; — 6. trèfle puriné et cendré; — 7. froment couvert de cendres ou arrosé avec du purin; — 8. seigle suivi de navets.

Ou encore,

1. Pommes de terre fumées; — 2. froment; — 3. seigle suivi de navets arrosés avec du purin; — 4. avoine fumée; — 5. trèfle cendré; — 6. lin puriné; — 7. froment puriné; — 8. seigle suivi de légères fumures pour récolte dérobée de navets.

A Winghene,

1. Pommes de terre fumées; — 2. froment; — 3. trèfle cendré; — 4. avoine fumée; — 5. lin puriné; — 6. froment; — 7. seigle suivi de navets purinés.

C. *Sur terrain argileux.*

A Sintebaefs,

1. Récolte-jachère de navets fumés; — 2. avoine purinée; — 3. trèfle cendré; — 4. froment suivi de navets; — 5. féveroles fumées; — 6. froment; — 7. seigle suivi de navets purinés; — 8. lin fumé avec des tourteaux de chènevis; — 9. froment pu-

riné; — 10. seigle ou vesces d'hiver, suivis de navets dérobés.

Riethmeyer cite encore des exemples d'assolements qui s'éloignent plus ou moins les uns des autres, ce qui démontre que chaque fermier cultive d'après les convenances particulières de ses terres.

§ 4. *Culture du sol et instruments.*

Si l'on ne savait depuis longtemps que l'agriculture, en Flandre, est poussée à une grande perfection, on le devinerait rien qu'à lire les exemples de rotation que nous venons de mentionner. En effet, chacun de ces assolements fait présumer que la terre doit être travaillée et fécondée par de riches engrais, sans lesquels leur application ne deviendrait que ruineuse.

Au sujet des instruments, toute l'Allemagne a prouvé le cas qu'elle en faisait, en introduisant presque partout chez elle les charrues flamandes. On croit, et c'est une erreur, que tous les labours ne se font, dans les Pays-Bas, qu'avec l'*araire*. On se sert également de la charrue à double versoir et d'une espèce de *haken* (charrue à croc, usitée surtout dans le Mecklembourg). La charrue à double versoir, d'une construction solide et simple, est exclusivement en usage autour de Courtrai; mais, du côté de Gand, on s'en sert en même temps que de l'araire, et alors la charrue à deux versoirs enterre les fumiers, donne les labours à plat, pour les semailles de lin, d'avoine, et la plantation des pommes de terre, tandis que l'araire sert à rompre les trèfles et les chaumes, à donner les labours profonds, les doubles labours, et à former des planches plates plus ou moins larges. Dans les environs de Bruges, on n'emploie guère que l'araire.

Enfin souvent on fait usage d'une espèce de *haken*, connue dans le pays sous le nom de *baer*, pour diviser les chaumes rompus, donner les façons en travers et extirper le chiendent. Le haken est construit à peu près de la même manière que la charrue à deux versoirs; seulement il est privé de coutre, de versoir et d'avant-train. On attelle les animaux de trait à un petit crochet de fer fixé à l'extrémité de l'age.

On fait autant de cas, en Flandre, d'une bonne façon soignée à la herse que d'une façon à la charrue. Outre la herse belge en bois, bien connue, et qui est formée de quatre traverses légèrement recourbées, on se sert également de la herse triangulaire pesante, aussi à dents de bois; cette dernière est bonne pour briser les mottes de terre, pour les gros hersages avant la semaille, pour rassembler les chaumes labourés et arracher le chiendent, enfin pour éclaircir une levée récente de navets sur chaume.

Le rouleau ou brise-mottes, d'un si fréquent usage, est de construction ordinaire et en bois de chêne : on tient à ce qu'il soit plutôt court et gros que long et mince.

Tous les cultivateurs possèdent le traineau flamand, que l'on mène sur les terres pour mettre à nu les chaumes et le chiendent ; ils le font précéder ou suivre les semailles de lin et autres semis de printemps.

Les chevaux du pays sont de forte race ; on en attelle un ou deux, suivant les besoins, devant la charrue, et trois au plus pour un double labour.

Le rompu de 1 bunder (5 morg. pruss. — 1 hect. 27 ares 50 cent.) de chaumes-céréales, à 2 pouces (52 millim.) de profondeur, se fait en un jour avec deux chevaux ; deux jours et deux chevaux suffisent pour labourer 1 bunder (1 hect. 27 ares 50 cent.) de terre à ensemencer à une profondeur de 7 à 8 pouces (182 à 208 millim.).

Un cheval seul peut traîner le rouleau et le traîneau, et même la herse, si le travail est facile ; mais, en terre forte, surtout pour la herse triangulaire, il faut deux chevaux. Un seul cheval peut, en un jour, rouler, herser ou traîner 4 bunders (20 morg. — 5 hect. 10 ares).

La journée des chevaux est de douze heures, divisées en quatre parties de trois heures chacune.

Le grand fermier, qui fait des travaux d'attelage pour le petit propriétaire, se fait payer le rompu de 1 bunder (1 hect. 27 ares 50 cent.) 2 thalers 20 slbgr. (9 fr. 86) ; le labour pour semaille,

5 thalers 10 slbgr. (19 fr. 73); un seul léger hersage, 20 slbgr. (2 fr. 46), et un fort hersage à deux chevaux, 1 thaler 10 slbgr. (4 fr. 93). Le roulage et le traînage se font également au prix de 20 slbgr. (2 fr. 46) par bunder (1 hect. 27 ares 50 cent.).

Le sol se laboure ou en billons étroits de huit à dix raies, ou en planches larges ou à plat.

On met la terre en billons pour les semailles d'hiver, les féveroles, les pommes de terre, et enfin pour l'avoine en terrain humide; mais on laboure communément en planches larges ou à plat pour les semailles de printemps. Les billons ne sont presque pas bombés, et l'on cure avec soin les rigoles après la semaille.

Chaque opération s'exécute le plus soigneusement possible, et l'hiver toujours très-doux de la Flandre n'apporte que peu d'interruption à la chaîne continue des travaux annuels. Ainsi, dès que la récolte des céréales d'hiver a été enlevée, on procède au rompu à plat des chaumes destinés à recevoir du seigle, puis on herse et on roule. C'est alors que le fumier est ordinairement conduit dans les champs et enfoui par des labours profonds. La terre, en cet état, se repose jusque vers huit jours avant la semaille; à cette époque commencent de nouveaux hersages, et, le mois d'octobre arrivé, les semailles se font rapidement; quand elles sont finies, on cure à la bêche les rigoles entre les planches. — Si l'on veut faire succéder au seigle une récolte dérobée de navets, on rompt le chaume d'ordinaire à 4 pouces (104 millim.) de profondeur, on arrose avec du purin et l'on sème aussitôt. Si c'est du fumier qui sert d'engrais, on l'étend avant le labour; plus tard, les navets sont éclaircis à la main par des femmes.

Un trèfle auquel doit succéder du froment est retourné par un labour et arrosé avec du purin ; après quoi on sème, etc.

L'avoine vient fréquemment après navets que l'on a achevé d'enlever pendant l'hiver. Dès les premiers jours du printemps, le fumier est amené et enfoui, et la terre ainsi laissée jusqu'à la semaille ; mais, si l'avoine doit suivre le trèfle, on retourne celui-ci en automne, on herse au printemps et on donne un deuxième labour pour semer.

Nous ne parlerons pas de la culture du lin ni de celle du colza, parce que tous les détails nécessaires ont été donnés précédemment.

Pour pommes de terre, on laboure au moins une fois avant l'hiver; au printemps, on donne encore trois ou quatre façons à la charrue, dont la dernière à 8 ou 10 pouces (208 à 260 millim.) de profondeur; on herse, roule et fume fortement; enfin le fumier est enterré en même temps que les pommes de terre. On ne donne au tubercule qu'un seul buttage; les travaux de sarclage et autres se font à la main.

Malgré les soins apportés à tous les travaux de

culture, la Flandre ne manque pas de mauvaises herbes, parmi lesquelles le chiendent est la plus redoutable. On ne connaît pas d'autre moyen de les détruire que de donner de fréquentes façons à la charrue, à la herse ou au traîneau. Toutes les céréales sont sarclées dès que quelque mauvaise herbe se montre.

Les importantes cultures de fourrage et de paille répandues en Flandre mettent les fermiers à même d'entretenir parfaitement leurs bestiaux, auxquels ils font consommer, en outre, des grains. Tous les engrais sont rassemblés et traités avec la plus grande précaution; les fumiers d'étable, qui sont très-pailleux, sont sortis fréquemment et menés de suite au champ, où on les enfouit aussitôt. Les engrais liquides, le purin, dans lesquels on fait fondre plusieurs espèces de tourteaux, et les matières fécales, servent de puissants auxiliaires; de plus, on met en compost tous les éléments de fumier que l'on peut ramasser, et, malgré cela, les avances sont tellement rares, que souvent on se voit obligé d'en acheter. D'habitude on ne se procure à prix d'argent que les tourteaux et la cendre; mais il n'est pas extraordinaire que l'on aille dans les villes acheter des engrais, ressource bien précieuse pour les terrains faibles.

On conçoit que, avec des fumures aussi répétées que celles que l'on donne en Flandre, les doses partielles doivent être inférieures à celles que l'on appliquerait si l'on fumait plus rarement. On est généralement d'accord, dans ce pays, sur ce point, qu'il vaut mieux fumer souvent et peu à la fois.

Les époques de semailles sont, pour le seigle, la fin de septembre et le commencement d'octobre; pour le froment, le mois d'octobre; pour la vesce d'hiver, le milieu de septembre; pour l'avoine, le mois d'avril; pour la fève, les premiers jours d'avril; pour les pommes de terre, depuis le milieu d'avril jusqu'à la fin de mai. — On cultive peu l'orge d'été, on la remplace par l'orge d'hiver, qui se sème au commencement de septembre.

§ 5. *Récolte et produits.*

La récolte des céréales se fait habituellement à la sape, espèce de faux à main; on ne se sert de la faucille que pour le colza et de la faux que pour le trèfle et les prés, quoique cependant ceux-ci soient quelquefois coupés à la sape.

Un bon moissonneur flamand sait manier la sape avec une adresse remarquable, et il avance aussi vite que le ferait ailleurs un habile faucheur avec son instrument. La céréale moissonnée reste ordinairement couchée sur le sol un ou deux jours; on la lie ensuite en petites gerbes légères, que l'on joint deux à deux et que l'on met en faisceaux de quinze gerbes, recouverts d'un chapeau formé par une seizième. Dès que la céréale, ainsi dressée, est assez sèche, on la rentre sur des chariots. Souvent les granges ne sont pas assez spacieuses pour contenir la récolte entière; on est alors obligé de la mettre en meules, opération que les Flamands entendent très-bien. Ces meules, de forme arrondie, vont en s'élargissant depuis la base jusqu'au milieu de leur hauteur, et, à partir de ce point, on leur donne une pente rapide qui les fait se terminer par une pointe aiguë : le tout est ensuite recouvert de paille de seigle.

Les produits ne peuvent qu'être considérables lorsque la récolte a été traitée avec de pareils soins; cependant les différences de sol et de saison les font varier fréquemment : toutefois on peut admettre qu'en terre ordinaire les produits moyens par morg. prussien (25 ares 50 cent.) sont de 13,3 scheffels (7 hectol. 137) pour seigle et froment, et de 16 scheffels (8 hectol. 784) pour avoine.

§ 6. *Bétail.*

Quoique le cheval de labour flamand ait un extérieur lourd et pesant, il n'en déploie pas moins, à la marche, une allure rapide et soutenue, et, comme il est très-bien nourri, il travaille de même.

La plupart des chevaux proviennent des poulinières de fermiers, dont quelques-uns entretiennent des étalons qui font la monte à un prix assez élevé.

Une commission de surveillance, composée de vétérinaires, est chargée d'examiner les étalons et de ne recevoir dans le pays que ceux qui sont parfaitement conformés. Toutes les années, on distribue des primes d'encouragement aux propriétaires des plus beaux animaux.

La nourriture d'hiver des chevaux se compose d'avoine, de fèves, de paille de froment hachée, de carottes coupées et de fourrage-paille. A Siatebaefs, chaque tête reçoit en hiver la ration de 2 metz un quart (7 lit. 71) d'avoine, 1 metz et demi (5 lit. 14) de carottes, de la paille hachée et du fourrage-paille à discrétion; pour boisson, on leur donne de l'eau dans laquelle on délaye des tourteaux de colza, des pommes de terre et carottes cuites, et des graines de lin. Aux approches du printemps, le fourrage-paille est remplacé par du foin pur; la ration d'avoine est portée à 3 metz (10 lit. 29) par tête, et les carottes sont retranchées de la boisson; mais on y ajoute une plus grande quantité de graines de lin cuites et même du pain.

En été, la nourriture, à laquelle on n'arrive que progressivement, est très-simple; c'est du trèfle donné en vert à discrétion et un peu d'avoine mélangée de paille hachée.

La race des bêtes à cornes est celle de la Hollande et de la Frise. On cherche, autant que possible, à amener le vêlage en février et en mars. Les veaux provenant des meilleures vaches laitières sont seuls réservés pour l'élève. Immédiatement après sa naissance, le veau est séparé de sa mère et conduit dans une étable à part, où on lui fait boire, trois fois par jour, du lait dans un baquet; petit à petit on mêle à cette boisson un peu de lait de beurre auquel on ajoute de l'eau chaude; six à huit semaines après, le lait proprement dit est retranché, et, pendant une année, on ne fait plus boire que de l'eau tiède coupée avec du lait de beurre; mais, comme cette nourriture serait insuffisante, on y ajoute, dans le commencement, un peu de foin et de grain. Lorsque les veaux ont atteint l'âge de deux ou trois mois, on leur fait manger du trèfle vert à discrétion, et on les laisse sortir dans un verger clos, toutes les fois que le temps le permet; à partir de l'automne, ils sont nourris comme les vaches, si ce n'est qu'on leur accorde une boisson mélangée d'un peu de lait, jusque dans l'hiver.

Hinz ne dit rien quant à l'engraissement des veaux; pour combler cette lacune, nous intercalons ici quelques notes de Seefried à ce sujet.

Le veau destiné à l'engraissement est renfermé, aussitôt après sa naissance, dans un endroit obscur, tellement étroit, que l'animal ne peut se retourner et à peine se coucher; on lui met une muselière en osier, pour l'empêcher de lécher ou d'avaler des choses qui pourraient lui être contraires; trois fois par jour, on lui fait boire le lait provenant de la mère jusqu'à ce qu'il y renonce; on continue ce régime pendant six mois et plus, et le prix de vente de l'animal paye, à un taux assez élevé, la valeur du lait employé.

La nourriture d'été ne commence, pour les vaches, que vers le milieu du mois de mai. Pendant huit jours, on mélange au trèfle vert du foin et de la paille; plus tard, le trèfle est donné pur et présenté, trois fois par jour, en petites bottes; en outre, on fait habituellement pâturer quelques heures le matin et le soir : pour cela, les vaches sont lâchées dans un pâturage particulier ou bien menées à la corde par quelques enfants qui les conduisent brouter l'herbe le long des fossés et des haies. Ordinairement le jeune trèfle offre, en automne, une ressource pour le pâturage. Quelques éleveurs, outre la nourriture en vert, font encore dissoudre des tourteaux dans de l'eau, tandis que d'autres négligent absolument ce moyen : enfin les râteliers sont garnis de paille pendant la nuit.

La nourriture d'automne, consistant en navets, fourrage-paille et foin, avec ou sans boisson, dure depuis le milieu d'octobre jusqu'aux premiers jours de décembre, époque à laquelle commence la nourriture d'hiver. On donne alors des pommes de terre, des navets, de la farine de tourteaux, de la balle de blé, etc., dans de l'eau bouillie; c'est ce qu'on appelle un *brassin*. La nourriture sèche se compose de navets crus et de fourrage-paille. Le brassin se prépare dans une grande chaudière; on le remue fortement, lorsque la cuisson est achevée, pour mieux délayer toutes les matières, et, après l'avoir versé dans une grande cuve placée dans l'étable, on ajoute de l'eau fraîche pour attiédir; ce mélange est ensuite présenté aux vaches dans de petits baquets. En hiver, il n'y a ordinairement que deux repas; mais, lorsque cette saison est peu rigoureuse et que la récolte des navets a beaucoup rendu, on sert un petit repas supplémentaire vers midi.

On trait les vaches trois fois par jour après le vêlage; mais, à partir du mois d'octobre, on ne trait plus que deux fois. Tout le lait qu'on en obtient va remplir, dans la laiterie, de grands baquets plats, dans lesquels il repose pendant douze heures en été et vingt-quatre à trente-six heures en hiver. On le verse, après cela, dans de grandes jattes de bois où on le laisse jusqu'à ce qu'il s'épaississe, ce qui arrive ordinairement en vingt-quatre heures en été : on le transvase alors, sans l'écrémer, dans une barrique à manivelle pour être converti en beurre; ce beurre est ensuite traité à la manière habituelle; on le vend salé et conservé avec soin dans des pots de grès, ou bien on le vend frais dans de petites faisselles de bois.

Une vache bien nourrie peut, dans une moyenne de onze mois, donner 3 *quarts* de livre (34 décag.) de beurre par jour, et, par conséquent, 240 livres (119 kilog. 40) par an. En admettant qu'il faille 11 quarts (1 kilog. 27) de lait pour 1 livre (46 décag.) de beurre, le produit en lait d'une vache serait de 2,640 quarts (303 kilog. 60) par an. Cette donnée s'accorde avec une autre observation par laquelle le produit moyen d'une vache laitière est porté à 11 quarts (1 kilog. 27) pendant les quatre premiers mois, et à 6 quarts (69 décag.) pendant les sept derniers, ce qui donne une somme à peu près égale de 2,600 quarts (299 kilog.) pour l'année entière. La livre de beurre (46 décag.) se vend au prix moyen de 6 slbgr. (73 centimes). On emploie le lait de beurre qui en résulte dans la maison et à la nourriture des veaux et des porcs ; souvent aussi les ouvriers peu aisés du pays viennent l'acheter à 7 et demi pf. (7 centimes) le quart (11 décag.).

La race des porcs flamands est excellente : ils ont le corps long, recouvert de soies blanches, les jambes courtes, la tête petite et les oreilles pendantes; ils parviennent à une assez forte taille et à un poids considérable.

L'élève des cochons est toujours proportionnée à l'importance de la ferme : d'ailleurs on ne se livre que très-peu à cette spéculation; l'on entretient seulement quelques truies pour les besoins domestiques, ou bien l'on achète des cochons de lait que l'on nourrit, jusqu'à l'âge d'un an, principalement avec du lait de beurre, des pommes de terre cuites et de la farine d'avoine; pour les engraisser, on leur donne des pommes de terre cuites à la vapeur et arrosées de petit-lait, de l'eau et de l'avoine concassée : cette nourriture leur est servie, trois fois par jour, à discrétion. En été, on les laisse sortir dans la cour pendant quelques instants, et, dans l'après-midi, on leur fait manger un peu de trèfle vert.

Les bêtes à laine ne sont tenues, comme nous l'avons dit plus haut, que sur les fermes les plus étendues. La race du pays semble provenir de la race frisonne : elle est forte, à longues jambes, à tête allongée, couronnée d'oreilles pendantes ; sa laine est grossière, longue et naturellement blanche.

En été, le troupeau est mené au pâturage; en hiver, il reçoit la meilleure paille de vesce d'hiver, des fèves, des criblures de colza, et, pour boisson, de l'eau contenant une dissolution de tourteaux. L'agnelage a lieu au mois de mars, et les agneaux ne sont sevrés que fort avant dans l'été.

Au commencement de mai, on procède à la tonte sans laver la laine; une toison en suint pèse de 6 à 8 livres (2 kilog. 76 à 3 kilog. 28) et se vend de 1 thaler 2 slbgr. (3 fr. 94) à 1 thaler 18 slbgr. (5 fr. 91).

Les moutons et les mères de réforme, bien nourris au pâturage, sont vendus au boucher moyennant 4 thal. (14 fr. 80) environ par tête.

CHAPITRE III.

EXTRAIT DES NOTES JOURNALIÈRES DE HINZ SUR UNE FERME, EN FLANDRE, DE 1825 A 1826.

La ferme où l'on m'avait ordonné de séjourner est située à 1 lieue (4 kil. 90) de la petite ville de Thielt, à 4 lieues (19 kil. 60) de Bruges, à 5 lieues (24 kil. 50) de Courtrai et à 8 lieues (39 kil. 20) de Gand.

Les terres qui lui appartiennent ont une superficie de 16 bund., à peu près 90 morg. prussiens (22 hect. 95 ares), ainsi répartis : 11 bunders (14 hect. 2 ares 50 cent.) en terre arable, 2 bund. (2 hect. 55 ares) en prés, 1 bund. (1 hect. 27 ares 50 cent.) en vergers, servant en même temps de pâturages, et 2 bund. (2 hect. 55 ares) en chemins, clôtures et haies.

Ce domaine peut déjà être rangé parmi les fermes moyennes de la Flandre, dont les terres sont généralement divisées en petites ou en moyennes propriétés *.

Les bâtiments d'exploitation sont situés à peu près au centre de ce domaine, selon l'habitude commune, du reste, de ce pays ; ils se composent

* Il existe une troisième classe, celle des grands domaines, ayant une étendue double de celle des propriétés moyennes.

(*Note de Hinz.*)

seulement d'un corps d'habitation et de deux autres constructions plus grandes. Le corps d'habitation est bâti d'une manière massive, et n'a qu'un étage; son entrée donne dans la cuisine, servant de salle à manger et de lieu de résidence aux habitants de la ferme. A côté de la cuisine se trouve une buanderie, qui sert en même temps de laiterie, et dans laquelle une pompe fournit l'eau nécessaire. La maison contient, en outre, quatre chambres à coucher pour maîtres, enfants et domestiques, et une espèce de chambre de cérémonie, où le fermier étale sa plus belle vaisselle et où il reçoit les visiteurs. Sous la maison sont les celliers à pommes de terre et à lait. Les greniers s'étendent au-dessus des chambres habitées. A quinze pas de la maison, et des deux côtés, se trouvent des corps de bâtiments qui se font vis-à-vis; ces bâtiments servent de grange, d'étable, de remise, etc. Les murailles, au lieu d'être en maçonnerie, sont simplement en planches, et sont recouvertes d'un toit de chaume, car le Flamand évite les constructions coûteuses, et il aime mieux employer ses capitaux à l'amélioration de ses terres que de s'en servir pour orner ses bâtiments. Il faut excepter cependant les écuries, qui sont toujours maçonnées.

Sous l'un des hangars, on réserve des emplacements pour abriter les instruments aratoires de toute espèce. Auprès de ce hangar s'élèvent les écuries; l'étable à vaches contient toujours une citerne à purin revêtue en briques. Cette citerne a une ouverture en dehors qui permet de la vider. Au milieu de la cour de la ferme, on rencontre la fosse à fumier, arrangée de manière à ce que toutes les eaux puissent s'y réunir. Rien ne se perd de ces eaux, que l'on emploie à remplir peu à peu la citerne à purin.

Toutes les terres de la ferme sont closes par de belles haies en aubépine; outre l'embellissement qu'elles procurent au paysage, elles sont encore utiles pour contenir les animaux en pâture.

Derrière la maison d'habitation, on voit le potager, le verger et un vivier servant en même temps à désaltérer les animaux de la ferme pendant l'été.

Outre les haies qui les entourent, les champs sont encore séparés les uns des autres par des espèces de remblais engazonnés, sur lesquels le bétail à cornes trouve pendant l'été une partie de sa nourriture.

La plus grande portion des terres est formée d'argile et de glaise, d'une épaisseur de plusieurs pieds dans certains endroits. Le sous-sol, au contraire, est d'un sable très-fin de 10 à 20 pieds (3^m,130 à 6^m,260) de profondeur. On aurait pu croire qu'un sous-sol aussi perméable eût pu être de quelque utilité dans la saison des pluies; mais l'argile grasse de la couche arable retient les eaux beaucoup plus qu'on ne le voudrait. Cela nous explique pourquoi l'on regarde ici une année sèche comme un signe à peu près certain d'une bonne récolte.

Ces raisons ont encore conduit à considérer les labours profonds répétés comme une condition indispensable de réussite.

Le reste se compose d'une argile sablonneuse de même constitution à une grande profondeur et assez perméable à l'eau.

Le froment, la féverole, l'orge, le seigle, le trèfle et la pomme de terre réussissent à souhait sur le sol de ce domaine. On n'y peut compter néanmoins sur une récolte de lin et colza quelconque que lorsque les saisons sont sèches. Pour les céréales d'hiver, on laboure toujours en planches de huit raies; mais on a l'habitude de faire des planches de quatre billons de largeur pour les céréales d'été.

Le domaine, comme on l'a déjà indiqué, est divisé en deux parties par les deux natures diverses de terrain; aussi on a établi deux rotations différentes. Sur le terrain fort, on suit cet assolement :

1. *Pommes de terre, féveroles, sarrasin* et *navets.* Pour pommes de terre, on fume avant la plantation avec huit à neuf charges à deux chevaux de fumier d'étable par morg. prussien (25 ares 50 cent.). Dès qu'elles ont atteint un demi-pied (156 millim.) de hauteur, on les arrose avec 1,500 *quarts** de purin. On fume un peu plus fort pour les féveroles.

2. *Froment,* fumé à raison de trente charges de

* Un quart = 1 hectol. 265 litres

fumier par bunder (1 hect. 27 ares 50 cent.), ou arrosé de 25,000 *quarts* de purin [par morg. (25 ares 50 cent.), six voitures de fumier, ou 5,000 *quarts* de purin.]

3. *Seigle*, fumé seulement avec vingt-deux ou vingt-quatre charges de fumier à deux chevaux par bunder (1 hect. 27 ares 50 cent.), auxquelles on ajoute deux tombereaux de chaux; seulement, avant de les répandre, on les met en compost d'avance pour les faire pourrir et mélanger convenablement *.

4. *Trèfle*, recouvert avec de la cendre de tourbe, de savonnerie et de bois, à raison de cent vingt-huit sacs par bunder (1 hect. 27 ares 50 cent.).

5. *Avoine*, non fumée, parce qu'elle succède au trèfle; si elle suit un seigle, comme à Courtrai, on lui donne toujours une demi-fumure.

6. *Lin*, arrosé avec 40,000 *quarts* de purin par bunder (1 hect. 27 ares 50 cent.).

7. *Froment*. Comme il succède au lin, on ne lui donne qu'une fumure de quarante-cinq charges à

* Lorsqu'on ne fait qu'un simple chaulage, on procède comme suit : on mène la chaux anhydre sur le champ, où on la décharge en petits tas recouverts de bonne terre; aussitôt qu'elle est en partie fusée, on brasse les tas pour mélanger la terre à la chaux et opérer la fusion des gros fragments, qui dure à peu près trois jours : ce mélange est ensuite conduit avec des tombereaux sur le champ, où on le verse, et, après l'avoir éparpillé à la pelle, on l'enterre à la herse; là-dessus on sème et l'on herse pour enfouir la semence.

(*Note de Hinz.*)

deux chevaux par bunder (neuf charges par morg. — 25 ares 50 cent.).

8. *Seigle,* amendé avec de la chaux mélangée de terre et à l'état de compost. On le fume aussi, comme on l'a fait en 1826, avec du limon provenant de fossés ou de mares. Ce seigle est suivi de navets en récolte dérobée.

En terrain léger, la rotation est ainsi établie :

1. *Pommes de terre,* fumées comme ci-dessus.

2. *Seigle,* arrosé avec du purin; 24,000 *quarts* par bunder (1 hect. 27 ares 50 cent.).

3. *Lin,* arrosé avec 30,000 *quarts* de purin par bunder (1 hect. 27 ares 50 cent.).

4. *Froment,* arrosé ou fumé avec treize charges de fumier : c'est une demi-fumure, parce que, dans le lin précédent, on a semé du trèfle enfoui en pleine végétation, et qui, par conséquent, complète la fumure.

5. *Seigle,* arrosé comme le froment.

6. *Colza,* fumé avec quarante-cinq ou cinquante-quatre voitures de fumier, et arrosé avec 30,000 *quarts* de purin, suivi de récolte dérobée de navets arrosée de 24,000 *quarts* de purin.

Les navets sur chaume de seigle ne sont jamais fumés.

Le fermier observe ces alternances comme base de sa culture; mais il se permet de les modifier quelquefois en remplaçant une récolte par une autre plus favorable aux circonstances, ayant, comme précédent, une influence semblable sur la récolte suivante. Il tient compte du temps, des températures, et enfin de tout ce qui peut produire un effet quelconque sur sa culture, et c'est d'après cela qu'il décide, au commencement de chaque année, les changements plus ou moins grands à apporter à son plan d'économie.

Les petits locataires, appelés fermiers à vaches, dont le nombre est beaucoup plus considérable que celui des grands fermiers, ne peuvent entretenir eux-mêmes des attelages, à cause du peu d'étendue de leurs terres; aussi sont-ils obligés d'en demander aux grands fermiers. Ils cultivent dans un autre ordre.

Ils ont pour assolement :

1. 2/3 pommes de terre, 1/3 avoine; — 2. lin avec trèfle pour être enfoui en vert; — 3. froment ou seigle en méteil; — 4. seigle; — 5. trèfle; — 6. froment suivi de navets sur chaume.

Ils conservent cette rotation pour avoir toujours beaucoup de filasse dont les manipulations leur procurent, pendant l'année entière, des travaux lucratifs.

D'après ce qui précède, on voit que l'on cultive peu les céréales d'été, parce que leur produit, comparé à ceux des céréales d'hiver, offre beaucoup moins de bénéfices.

Dans le premier assolement, on emploie beaucoup plus de fumier d'étable et de chaux, c'est-à-dire d'engrais solides, que dans le second, où, au contraire, on fume surtout avec des engrais liquides comme le purin. Le premier genre de fumure ameublit et excite une terre forte, tandis que le second a l'avantage de pénétrer une terre légère et de lui donner un peu plus de liaison.

Le cheptel se compose de huit à dix vaches, deux taureaux, trois veaux, deux chevaux et trois à cinq porcs. Le cheptel produit, chaque année, cent soixante à cent soixante-dix charges à deux chevaux de fumier d'étable, et 100,000 à 120,000 *quarts* de purin.

Cette quantité d'engrais n'étant pas suffisante, le fermier achète, en outre, cinq tombereaux de chaux vive, deux charges de cendres de savonnerie et cinq cents tourteaux : ces derniers ont une grande action, principalement sur les terrains légers. La plupart des cultivateurs les font dissoudre dans le purin, auquel ils ajoutent de l'eau, et les emploient surtout à fumer leur lin ; cependant beaucoup de tourteaux sont consacrés à la nourriture des vaches : non-seulement elles donnent ainsi plus de lait, mais encore de bien meilleurs engrais.

§ 1er. *Pommes de terre.*

La pomme de terre est, pour le cultivateur flamand, aussi utile que le lin. Les assolements précédents ont dû faire voir qu'elle suivait d'habitude les navets sur chaume en récolte dérobée. Lorsque ces derniers ont été enlevés des champs avant l'hiver, on ne refend pas les anciennes planches, mais on les relaboure sur place, de façon à exhausser les dos et donner à l'eau un plus facile écoulement. Mais, si les navets sur chaume n'ont été récoltés qu'en hiver, tout labour devenant impossible à cette époque, on attend le printemps pour refendre, herser et extirper ainsi les mauvaises herbes. Vers la fin de cette saison, il ne reste plus à donner que deux façons à la charrue ; cependant, si on est en avance, on fait trois à quatre et même cinq labours, qu'on alterne avec des hersages, pour approprier et ameublir la terre autant que possible. Le fumier est amené avant le dernier labour, qui l'enfouit à peu de profondeur. La plantation des pommes de terre hâtives a lieu à la fin de mars ou en avril ; celle des pommes de terre ordinaires, au mois de mai. Pour planter, on coupe la pomme de terre par morceaux, portant chacun plusieurs germes, que l'on dépose dans des trous creusés à la bêche, à un pied (313 millim.) de distance les uns des autres. Huit journaliers et huit femmes peuvent planter un bunder (1 hect. 27 ares 50 cent.) en un jour.

A leur apparition hors de terre, ce qui arrive quelques semaines après, on les arrose avec du purin, puis on les herse. En même temps, les rigoles sont nettoyées à la bêche, et la terre qui en provient est répandue entre les lignes. Au mois de juin, on leur donne une façon avec la petite houe à main pour ameublir le sol et détruire les mauvaises herbes; opération qui se répète jusqu'à ce que celles-ci aient entièrement disparu.

Dès que la fane jaunit, le moment d'arracher est arrivé, ce qui se fait au moyen d'un trident, au mois d'août pour les pommes de terre hâtives, et, pour les tardives, en octobre. Un ouvrier occupé à déterrer les pommes de terre est suivi de deux autres qui les ramassent. On trie en même temps, et les pommes de terre, petites et grosses, sont jetées dans deux corbeilles différentes. Les fanes, débarrassées des tubercules, sont rassemblées à la fourche dans les rigoles les plus voisines. Un journalier, escorté de deux enfants, peut arracher, en un jour, un tiers de morg. (8 ares 50 cent.). Souvent, dans les saisons sèches, on obtient une meilleure récolte des pommes de terre plantées tardivement.

Les pommes de terre arrachées sont immédiatement mises en longs silos. Voici comment ces silos se font : un emplacement est préparé à la bêche et recouvert d'un lit de paille; on y entasse les tubercules en prisme allongé, que l'on revêt d'une bonne couche de paille, sur laquelle on applique de la terre provenant d'un fossé creusé le long du silo. Cette terre est fortement tassée à la bêche pour l'unir et permettre aux eaux de glisser, comme sur un toit, dans ce fossé qui entoure le silo, et qui doit se déverser dans une rigole particulière. Par un hiver rigoureux, on enveloppe le tout d'un manteau de fumier ou de feuillage. Dans le pays de Courtrai, on a la précaution, en cette saison, d'arroser le silo avec de l'eau froide, tous les matins, afin que la croûte de glace qui devra se former garantisse la couche terreuse de l'effet dégradant que pourrait avoir sur elle l'alternance du soleil et du froid.

La récolte de pommes de terre donne en moyenne 100 scheffels prussiens (54 hectol. 900) par morg. (25 ares 50 cent.), et le fermier en vend toujours une partie, qui s'élève au plus à la moitié du total.

§ 2. *Froment.*

La ferme dont il est question a plusieurs terres à sol tenace parfaitement propres au froment, ce qui est cause de l'extension donnée à sa culture; il succède aux pommes de terre, au lin et aux féveroles. Le sol, après pommes de terre, étant convenablement meuble, il suffit d'un seul labour, que d'autres remplacent même par un simple hersage, pour pouvoir semer le froment. Mais, après lin, on retourne le sol; on le herse dans toutes les directions, et on mène ensuite le fumier, qui est enterré par le labour de semaille. Douze heures avant de semer, on prépare la semence en la saturant avec un mélange de chaux et d'urine de cheval, afin de le préserver du charbon et de la carie. Ce chaulage est d'autant plus utile, que l'on prétend que ces maladies attaquent surtout le froment lorsqu'il succède aux féveroles.

Au mois de mai, le froment est sarclé à plusieurs reprises, comme le lin, jusqu'à parfaite propreté. A la récolte, on dresse aussitôt les gerbes pour les faire sécher et faciliter l'écoulement des eaux pluviales.

Un morg. prussien (25 ares 50 cent.) produit en moyenne, dans ce domaine, 12 scheffels et 1/2 (6 hectol. 862) de grains et 25 quintaux (1,169 kilog.) de paille. Quelquefois, néanmoins, le produit s'élève à 18 (9 hectol. 882) et même 19 scheffels (10 hectol. 431).

§ 3. *Seigle.*

Le seigle succède ici au froment, aux pommes de terre, au lin et à lui-même. Après froment, on rompt les chaumes, on les herse et on passe le traîneau. La terre, ainsi bien affinée et appropriée, est couverte de fumier, quand on en a, que l'on enterre par le labour de semaille. Si c'est après pommes de terre, on donne également deux labours; mais on a remarqué que le seigle venait moins bien après pommes de terre qu'après froment. Quant à sa culture et à sa récolte, on le traite absolument comme le froment, si ce n'est qu'on ne lui donne aucun sarclage.

Le seigle produit ici généralement moins en quantité que le froment.

§ 4. *Trèfle.*

On considère, en Flandre, et avec raison, un bon trèfle comme indispensable à une exploitation bien entendue; il suit ordinairement le seigle ou le lin en terre légère. La semaille sur seigle se fait jusqu'au milieu du mois de mars; plus elle est précoce, mieux elle réussit. La quantité de graines employée est de 30 à 35 livres (13 kilog. 80 à 16 kilog. 10) par bunder (1 hect. 27 ares 50 cent.). J'ai vu, dans ce domaine, pâturer les vaches au mois d'octobre sur de jeunes trèfles, mais ils paraissaient en souffrir. Au printemps, on répandit des cendres de savonnerie, ou, à défaut de celles-ci, des cendres de bois et de tourbe; on y joignait souvent un arrosage au purin. Le fourrage produit sert à la nourriture des chevaux et des vaches. On réserve toujours un petit emplacement pour laisser mûrir le trèfle porte-graine, qui est ensuite séché et battu à la méthode ordinaire. Cependant il existe, en Flandre, une autre coutume au moyen de laquelle on se procure de la bien meilleure graine; elle consiste à cueillir, une à une, les têtes les plus belles et les plus mûres.

§ 5. *Avoine.*

On ne sème qu'une petite quantité d'avoine, et le peu qu'on en cultive vient, sans fumure, après trèfle. La manière dont on la traite a été décrite ci-devant par Riethmeyer.

§ 6. *Navets.*

a. Navets sur colza. — Pendant que le colza est encore en meules, on donne un labour de rompu au champ qui vient de le produire ; puis on herse et on traîne ; après quoi viennent deux labours successifs, suivis d'un arrosage au purin ; enfin semaille des navets légèrement enterrée à la herse. Aussitôt que les navets ont quelques pouces, on les sarcle et on les éclaircit, en ameublissant la terre à la houe à main. Ces navets parviennent à une certaine grosseur, et j'en ai remarqué qui pesaient jusqu'à 11 livres (5 kilog. 06); leur produit se monte ordinairement à 190 scheffels (104 kilog. 310) par morg. (25 ares 50 cent.).

b. Navets sur chaume. — On ne fume pas les navets semés sur chaume de seigle, et cependant j'ai entendu dire à plusieurs fermiers que le navet était l'un des végétaux qui payait le mieux les engrais qu'on lui consacre. Il est important de procéder aussi vite que possible au labour et à la semaille, et de prévenir, de la sorte, la rapidité avec laquelle se dessèche le sol ; aussi on n'attend pas, pour commencer les opérations, que le seigle soit enlevé. Lorsque la terre est sale, on laboure légèrement, on herse, on passe le traîneau, et on laboure enfin une seconde fois pour la semaille ; si le sol est propre, un seul labour suffit.

Les navets sur chaume produisent un quart de moins que les navets sur colza, parce que ceux-ci sont semés de meilleure heure sur un sol plus riche.

REMARQUES SUR LA TENUE DU BÉTAIL.

a. Le fermier du domaine dont nous venons de décrire la culture donne à ses chevaux, pendant l'été, du trèfle vert, auquel il joint plus ou moins de grains, suivant la fatigue qu'ils ont éprouvée ; en hiver, ils sont nourris avec du grain, des navets et des fourrages pailleux. On rationne deux chevaux à 15 livres (6 kilog. 90) de fourrage haché par jour, auxquelles on ajoute 20 livres (9 kilog. 20) de fourrage ordinaire, s'il n'y a point de trèfle. Au reste, la nourriture est toujours abondante.

b. En été, les vaches se nourrissent, en partie, de l'herbe qu'elles broutent le long des chemins, et, en automne, de jeune trèfle. Ce régime est complété, suivant les besoins, par du trèfle vert donné à l'étable ; de plus, elles boivent, pendant l'année entière, du brassin composé de tourteaux, de son, de navets, de pommes de terre et de flegme de lin, le tout délayé dans l'eau tiède. A partir du mois d'octobre jusqu'au mois de janvier, outre le brassin, on les nourrit avec des navets verts et 15 livres (6 kilog. 90) de fourrage par tête. Mais, depuis cette époque jusqu'en avril, la nourriture se compose de boissons chaudes et de paille fraîche, à raison de 28 livres (12 kilog. 88) par tête. Le brassin est présenté à chaque vache dans un baquet particulier.

c. Le jeune bétail est à peu près traité de la même manière, et les veaux sont nourris au lait et au grain.

d. Le rendement principal en lait dure depuis le mois de mai jusqu'à la fin d'octobre. Le lait est converti en beurre, et on peut admettre que, dans cet intervalle de six mois, chaque vache donne, et au delà, une livre (46 décag.) de beurre par jour.

Notre fermier paye une rente de 600 florins flamands (1,278 fr.); de plus, il acquitte tous les impôts et charges, s'élevant à 240 florins (511 fr. 20); enfin, il est obligé de fournir lui-même son capital d'inventaire. Le florin flamand égalant 1/2 thaler prussien courant, il s'ensuit que le fermage s'élève à 300 rixd. (1,110 fr.). Le sol cultivable de la ferme peut avoir une superficie de 80 morg. (20 hectares 40 ares) au plus, ce qui met approximativement le fermage d'un morg. (25 ares 50 cent.) à 4 rixdales (14 fr. 80).

FIN.

TABLE DES MATIÈRES.

CHAPITRE VII. — *Plantes tinctoriales.*

VARIÉTÉS AGRICOLES.

CHAPITRE PREMIER. — *Glanures.*

FIN DE LA TABLE DES MATIÈRES.

de fine

de la

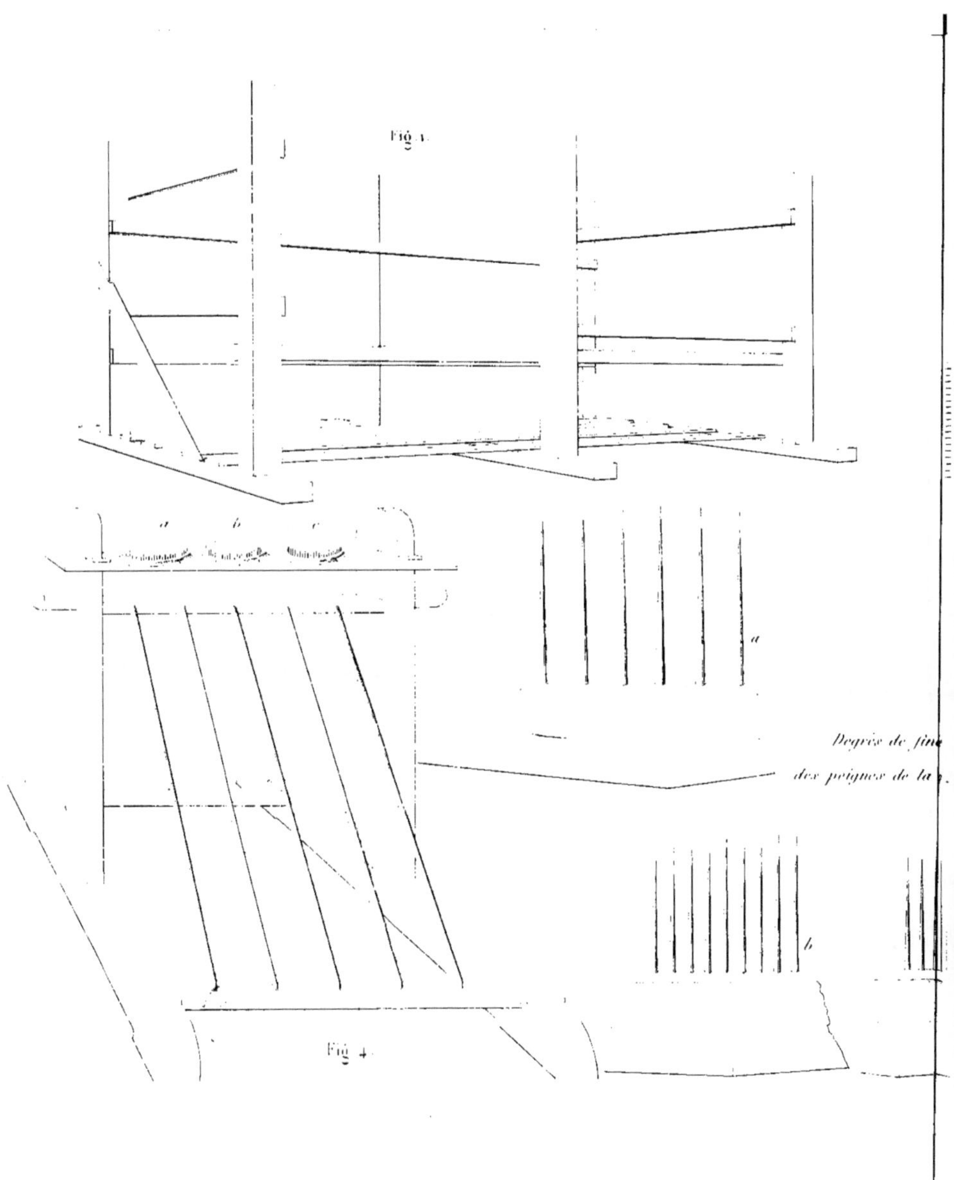

Fig. 1.
a
b
c
a
Degrés de fin
des peignes de la
b
Fig. 4.

Pl. 1

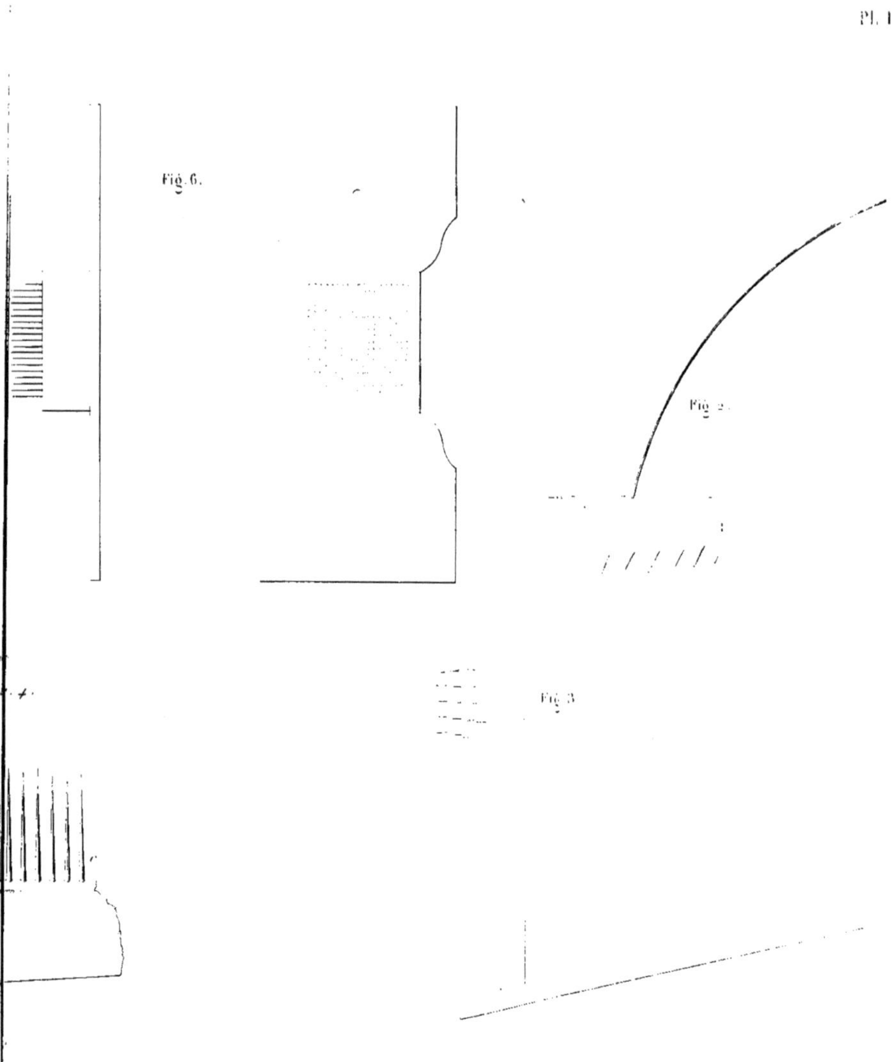

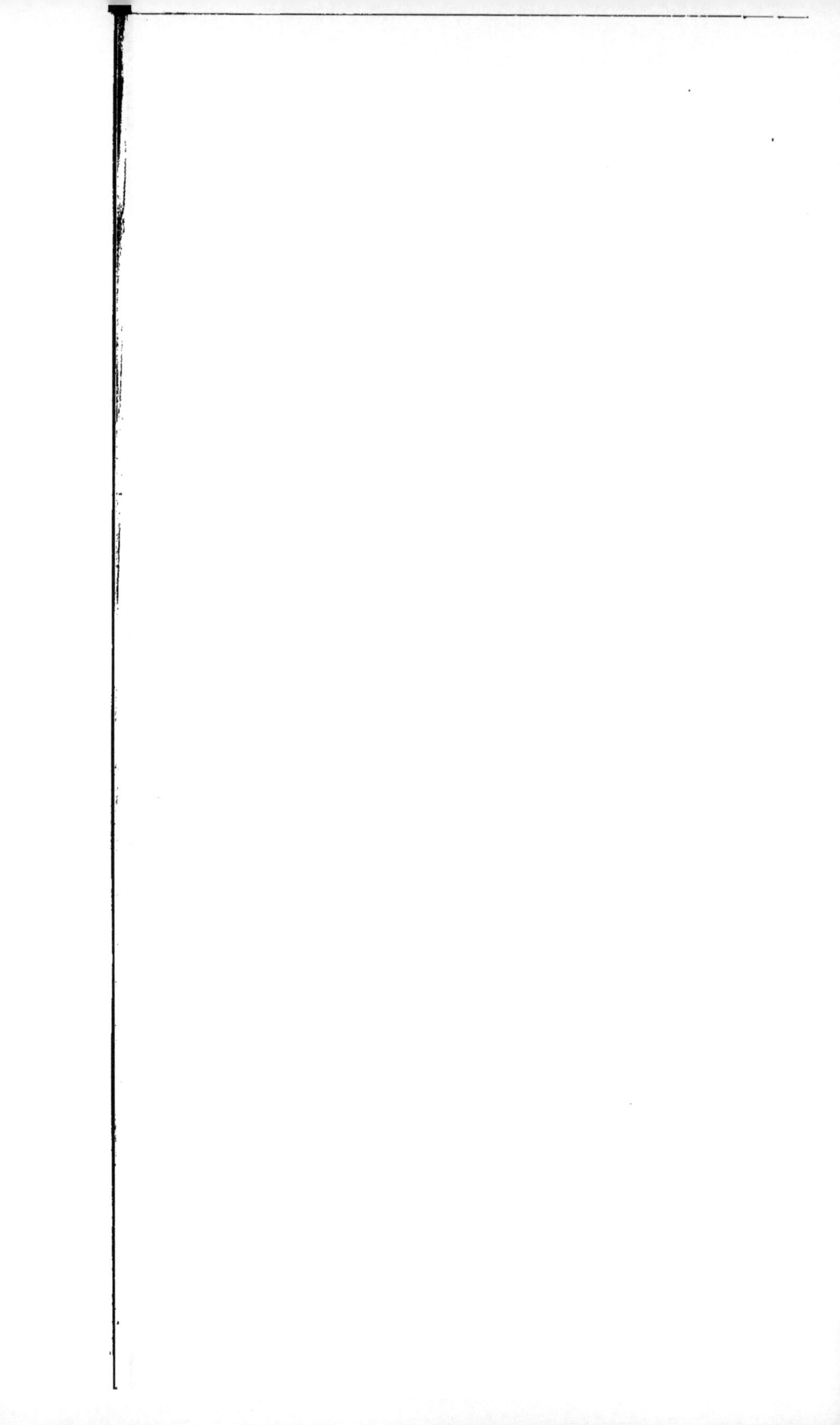

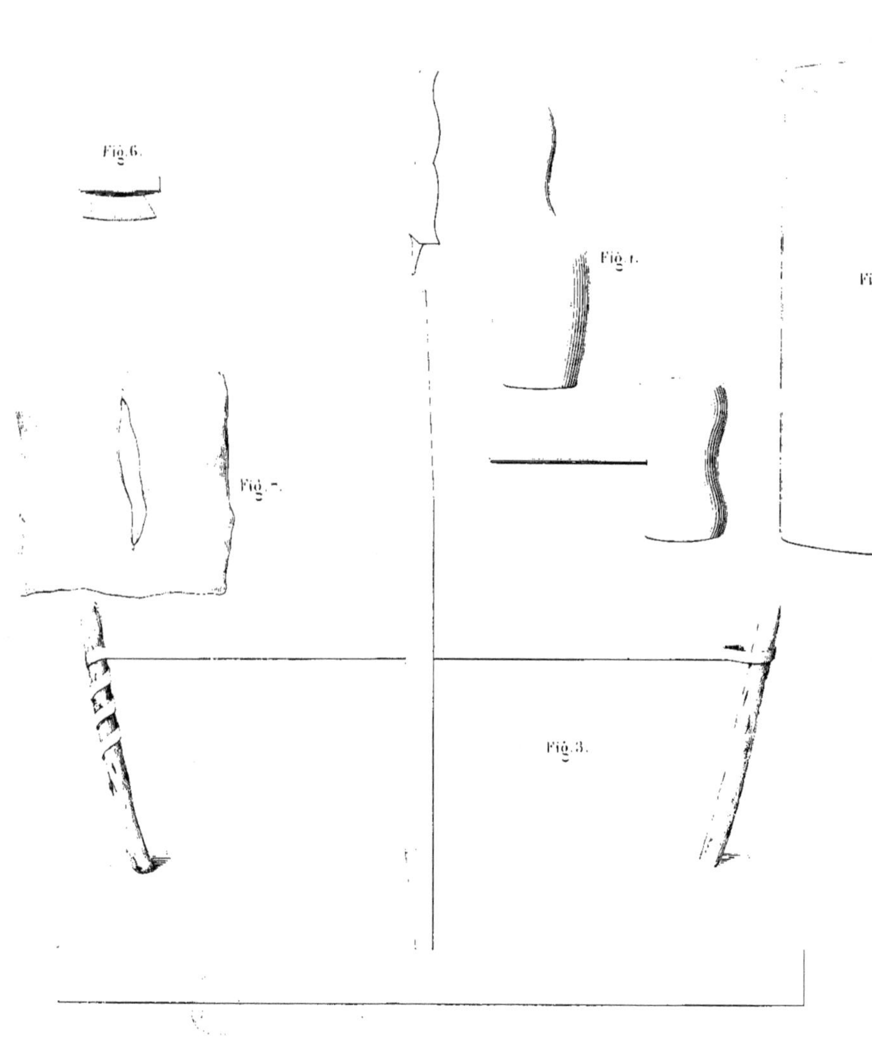

Fig. 6.
Fig. 1.
Fig. 7.
Fig. 3.

Fig 4.
Fig. 5.

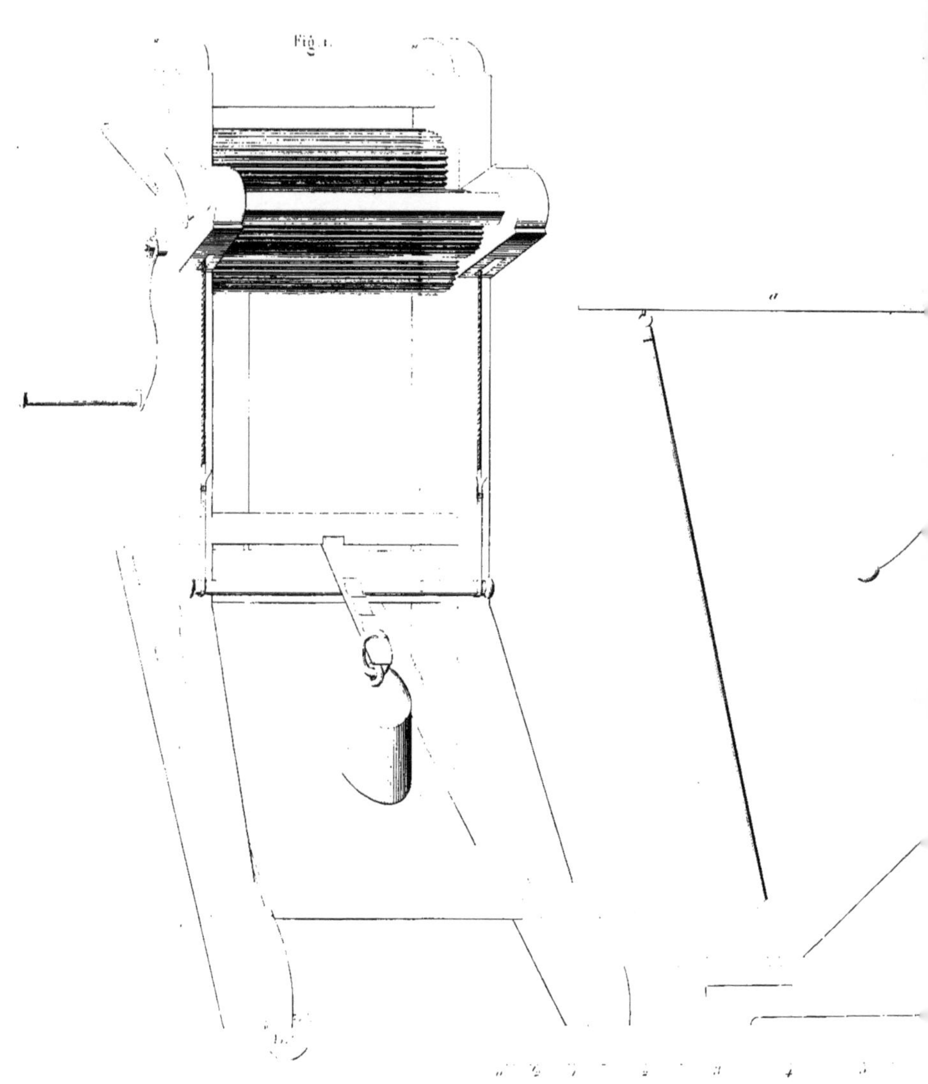
Fig. 1.

Pl. III.

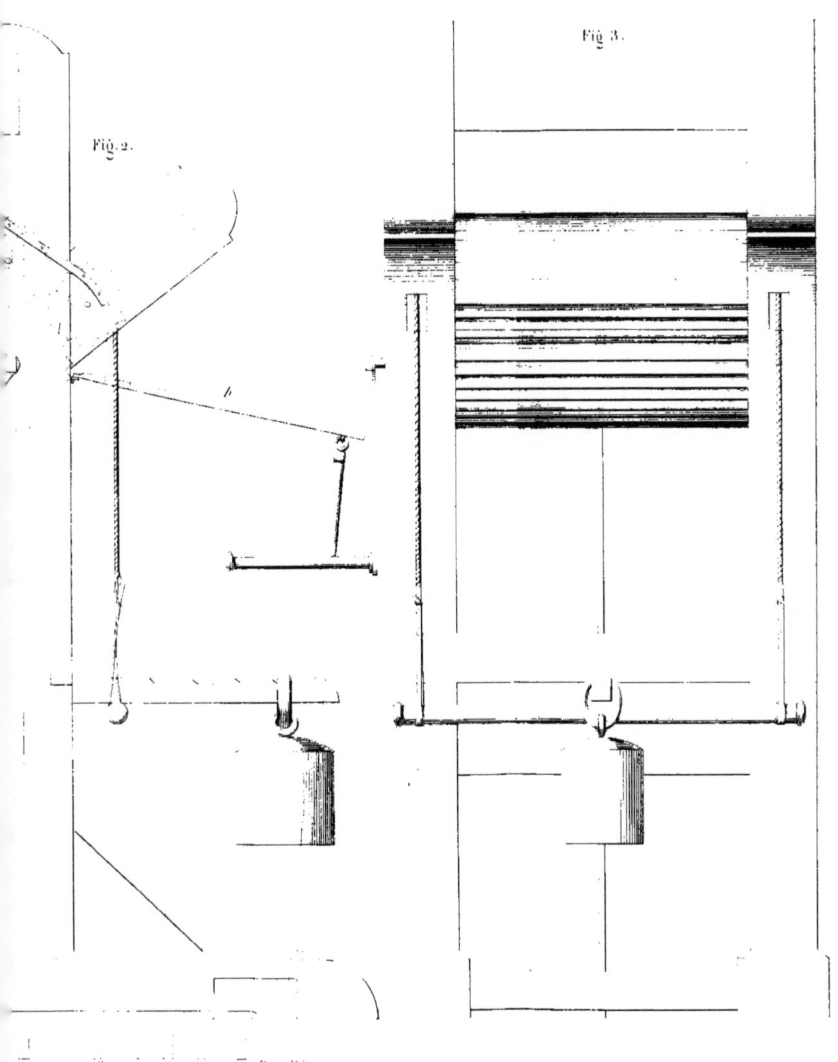

10 Dec. Mètre

www.ingramcontent.com/pod-product-compliance
Ingram Content Group UK Ltd.
Pitfield, Milton Keynes, MK11 3LW, UK
UKHW020547180726
13838UKWH00001B/95

9 782329 346076